善则美 心纯至真

【真善美之道】

徐威◎著

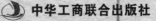

中华工商联合出版社

图书在版编目（CIP）数据

心善则美　心纯至真／徐威著. －－北京：中华工商联合出版社，2016.10

（立家规·正家风丛书／和力，范宸主编）

ISBN 978－7－5158－1783－5

Ⅰ. ①心… Ⅱ. ①徐… Ⅲ. ①人生哲学－通俗读物 Ⅳ. ①B821－49

中国版本图书馆 CIP 数据核字（2016）第 232816 号

心善则美　心纯至真

作　　者：徐　威
责任编辑：吕　莺　张淑娟
封面设计：信宏博
责任审读：李　征
责任印制：迈致红
出版发行：中华工商联合出版社有限责任公司
印　　刷：唐山富达印务有限公司
版　　次：2017 年 1 月第 1 版
印　　次：2022 年 2 月第 2 次印刷
开　　本：787mm×1092mm　1/32
字　　数：131 千字
印　　张：7.25
书　　号：ISBN 978－7－5158－1783－5
定　　价：48.00 元

服务热线：010－58301130
销售热线：010－58302813
地址邮编：北京市西城区西环广场 A 座
　　　　　19－20 层，100044
http：//www.chgslcbs.cn
E-mail：cicap1202@sina.com（营销中心）
E-mail：gslzbs@sina.com（总编室）

工商联版图书
版权所有　侵权必究

凡本社图书出现印装质量问题，请与印务部联系。
联系电话：010－58302915

前 言

善是人性的一种美好

善良是人性中最瑰丽的珍宝。

善良的人最美丽，也最快乐、最幸福。人若能善良地活着，是一种享受，若能善良着死去，是一种福分。人本善良，一定要珍惜这种自然而然的"美丽"。

善良的人一举手，一投足，一句话，一个眼神，一个微笑，无不凝聚着人格的魅力。与善良的人相处，无论多久都不会厌倦。接触善良的人能时时感觉到阳光的温暖，无私的心灵，不染尘埃的纯净。人拥有一颗善良的心，其实就拥有了世间最美的珍宝，因为阳光在心中，人不会感到寒冷。阳光在心，人更快乐，更幸福。

善良的人，总是充满热情，散发温暖，靠近他，会温暖你。善良的人，总会为别人着想，他们深知己所不欲，勿施于人。善良的人，总是心胸坦荡，情操高尚，心灵纯洁，乐于助人。俗话说：近朱者赤，近墨者黑。与善良的人交友，一生受益。与善良的人共枕，夜夜安眠。与善良的人相处，心不设防。

人光拥有美丽的外表，只能叫有"好皮囊"。《聊斋志异》中的画皮，光拥有美丽的外表，内心却丑恶之极。世间还有一种橘子，外表好看，却极苦极涩，被人称为"金玉其外，败絮其中"。若人内心拥有美丽，如蚌中珍珠，永远散播光彩。有人说，女人若是外表漂亮而无内在之美，与"花瓶"无异。确实，花瓶虽然好看，终是摆设。所以，善良的人，从里到外都应很美。《巴黎圣母院》里长得像怪物的夸西莫多，最能打动人心。《泰坦尼克号》中最美、最感人的不只是男女主角的爱情，更有船沉没时的小提琴演奏。

如果每个人都尽可能地用自己的行为播种身边的善良，尽自己所能，让那些比自己苦、比自己难的人感受到这世上的阳光和美好，那么美丽的人性之花就会开满人间。而播种善良就是在给自己"修心"，终有一天，你会闻到生命之花的芬芳。

做人，最可贵之处就是心至善，情至诚，志必坚；人得意不可忘形，失意不可失志；要有自尊心、耻辱感；每说一句话，每做一件事，都要考虑到这样会否影响别人，会否损害别人，因为，善是一个人应具备的最基本的素质。

人之初，性本善。每个人生来都是善良的，只是成长过程中，生活有了不如意，善意的付出有时会遭到恶意的欺骗，以及其他种种，才让心蒙上了"垢"。其实人生的最高境界，是经历百年风雨，仍有一颗不染尘埃的心。

　　善良，是一种人性美，是一种道德美，是一种自然而然的美。善良没有国界，不分贵贱，善良的人是最快乐的，善良的人也是最幸福的。善良的心，真诚，崇高，有良知，比水晶、金子、钻石等更珍贵。让我们都来用心呵护心中的"善根"，做会感恩、有爱心、善良的人吧！

目 录

上篇　心善则美

下篇　心纯至真

心善则美

心纯至真

传统文化修养与品德修炼

上篇

心善则美

发掘心灵深处的美

本杰明·富兰克林说："品格是世界上最强大的动力之一。高尚的品格，是人性的最高形式的体现，它能最大限度地展现出人的价值。"

的确是这样。假如我们口口声声说我们要热爱生活，但连最起码的道德标准都达不到，那又何谈"热爱"呢？这样的人，会被人鄙夷。所有想热爱生活、享受生活的乐趣，让自己的生命更有意义的人，首先应该具备一些最基本的美德，如勤劳、正直、自律、诚实等等。具备这些美德的人不仅值得信赖、值得学习，而且值得敬重。因为，在这个世界上，他们弘扬了正气，弘扬了正能量，他们使世界变得更美好、更可爱。

天才总是受人崇拜，但高尚的品格最能赢得人们的尊重。前者是超群智力的硕果，而后者是高尚灵魂的结晶。灵魂主宰着人的思想。天才人物可能会凭借自己的智力赢得社会地位，但具有高尚品格的人会靠自己的良知获得声誉。前者受人崇拜，而后者会被人视为楷模，加以效仿。

伟人往往是一些特殊人物，但伟大本身也只是相比较而言的。事实上，不是每个人都有机会"出人头地"，成为伟人。但是，每一个人都可以正直诚实、光明磊落地生活，尽自己所能地关爱别人，在生活中展现自己生命的价值。

人无论长幼，热爱生活都应该是永远的追求；人无论生活境遇好坏，都应该具备高尚的品格。没有金钱、没有财产、没有学问、没有权势不可怕，只要拥有高尚的灵魂，拥有精神上的财富——诚实、善良、正直、勇敢……就是懂得爱、愿意奉献爱的具体表现。人在生命的行走过程中，要不断地锻造自己高尚的品格。

有这样一个令人感动的故事：

加拿大有个6岁的小男孩瑞恩，有一天，瑞恩在看电视时得知，非洲由于没有干净的水喝，每年有成千上万的人染上疾病，瑞恩难过极了。后来当听说"捐70美元可以打一口井"的时候，他激动不已，决心以自己的行动帮助那些可怜的人。

第二天，瑞恩向爸爸妈妈要了70美元，但他的爸爸妈妈谁也没当回事。是啊，有多少人会把一个小孩子的话当回事呢？后来，瑞恩每天都向爸爸妈妈请求要70美元。无奈之下，他的爸爸妈妈想出一个对策：让他做家务自己赚钱。他的爸爸妈妈的本意是以此打消瑞恩的"积极性"。不料，半年过去了，瑞恩非但没有放弃，反而干得更起劲了。慢慢地，亲朋好友和邻居知道了这件事，他们都被瑞恩的执着感动了，纷纷加入到"为非洲孩子挖一口井"的活动中。不久，瑞恩的故事就出现在加拿大的各大媒体上，不到一个月，就有上千万元的捐款汇来支持瑞恩的梦想。几年过去了，瑞恩的梦想已经基本实现，在缺水最严重的非洲乌干达，有56%的人能够喝上干净的井水了。

有记者问瑞恩："是什么让你坚持做这件事情？"瑞恩

说："善良会让世界上许多不可能的事变成可能。事实证明，我做到了！"

是啊，要想让世界充满爱，人人都幸福快乐，一定要从自身做起，从小事做起，从零做起，慢慢地，世界会因为你的参与而改变。善良是热爱生活的表现，只有善良，才会生发美德，才会散发出崇高、永恒的光芒。

提高自己的美德修养

　　人在年轻的时候，一定要确立道德准则，作为自己为人处世的指南，这样在人生的航船受到诱惑的"狂风"袭击的时候，才不致偏离航向。在生活中，有些人没有坚定的道德准则，因此，一旦遇到诱惑，就往往很容易被"击中"。事实上，如果没有一定的能力去评估怎样做最合乎道德规范的事，随品格而来的洞察力、自我约束力以及坚忍性便很难养成，人就难以迈向全方位的"个人卓越"境界，容易掉入错误的"陷阱"之中。反之，人如果能建立起正确的道德观，就可能扫除众多成长中的障碍，从而获得真正意义上的成功。因此，人要完善正确的道德修养，趋善抑恶，提高自己的内在修养水平。

　　富兰克林是美国历史上最有影响力的伟人之一，他不仅是一位伟大的发明家，同时也是一个受人敬仰的人。他为自己制定了一个提升修养、趋善抑恶的"妙方"，下面归纳出13种他认为应该遵守的德行，分别是：

（1）控制

食不过饱；饮酒不醉。

（2）沉默寡言

言则于人于己有益，不作无益闲聊。

（3）生活有秩序

各样东西放在一定的地方；各项日常事务应有一定的处理时间。

（4）决断

事情当做必做；既做则坚持到底。

（5）俭朴

花钱须于人于己有益，不浪费。

（6）勤劳

不浪费时间；每时每刻做有用之事，戒除一切不必要的行动。

（7）诚恳

不欺骗人；思想纯洁公正；说话应诚实。

（8）正直

不做不利他人之事；不忘记履行对人有益的义务；不伤害他人。

（9）中庸

不走极端；受到应有的"处罚"时，应当加以容忍。

（10）清洁

身体、衣服和住所应力求清洁。

（11）宁静

勿因琐事或普通而不可避免的事件烦恼。

（12）节制

戒房事过度；勿伤害身体或做有损自己或他人的安宁或名誉之事。

（13）谦虚

为人低调谦虚。

富兰克林认为，通过上述 13 种对德行的要求自律和自省，就会逐步提高自己的道德修养。富兰克林后来还写过一部书——《道德的艺术》，并将其作为自己的基本信条。他还制作了一本小册子，在每一页写上一种美德。每一页用红墨水划成 7 直行，一星期的每一天占一行，每一行上端注明代表星期几的一个字母。再用红线将直行划成 13 条横格，在每一条横格的左首注明代表每一种美德的第一个字母。他每天都检查自己在哪一方面有过失，有了过失便在那一天该项德行的横格内画上一个小黑点。富兰克林也会在每一个星期对于某一种德行给予特别密切的注意，预防自己在有关方面出现哪怕是极其微小的过失。这样，"在几个循环之后，在第 13 个星期的逐日检查后，他愉快地看到自己拥有了一本干净的册子"。

富兰克林很满意自己这种修身养性的方法。他在 79 岁回忆此事时，说道："我的子孙应当知道他们的祖先一生中持久不变的幸运，直到他 79 岁写本文时为止，全靠这一小小的方法和上帝的祝福。……他长期的健康和他那至今仍强健结实的体格，应当归功于节制；他早年境遇的安适和他所获得的财产及一切使他在学术界享有一定声誉的知识，应当归功于勤劳和俭朴；国家对他的信任和国家授予他的光荣职位，应归功于诚恳和正直；他的和气以及和他谈话时的愉快，应归功于这些品德的综合影响。由于他谈话时愉快率直，他直到晚年还颇受人们的欢迎，包括年轻人也喜欢同他交往。因此，我希望我的子孙中有人会步我的后尘，取得有益的效果。"

富兰克林之所以如此重视道德修养，是因为在他看来，人应当注意个人的道德品行，因为有德行的人才能事业成功，诸事顺遂；有德行的人才会愉快地去服务公众，报效国家，保证公众有福祉、国家利益不受损害。

的确如此，品格是道德的核心，也是伦理的核心。追求高尚品格，其实就是追求全面性的"个人卓越"与"人际卓越"。人要想达到真实、全面，令人深感满意而且可以长久的"个人卓越"境界，就一定要拥有良好的品格。富兰克林的注重品德修养的态度，值得我们每个人借鉴！

奉献爱心，让你的心灵闪光

人与人之间，正是因为有了爱，才能和谐相处，互相帮助。如果缺乏爱，人与人相处就不会有热情、有激情，人与人沟通也会缺乏温情，更难以产生友情、亲情。

所以，我们每个人都不要吝于奉献自己的爱心。禅语说："爱出者爱返，福往者福来。"爱能让这个世界更加温暖，也能让人的心灵闪光。

有一个普普通通的网络电台主持人，有一大帮"听友"迷恋他的声音，也有一大群粉丝对他仰慕不已。在很多"听友"看来，做主持人是一份非常让人羡慕的工作，这个主持人一定是个孤芳自赏、高高在上的人。但是恰恰相反，这个主持人非常和蔼可亲，他每周都会在自己的休息日到一家儿童福利院帮忙，他在节目中也时常说起一些可爱的孩子，呼吁大家为社会上那些老弱病残的弱势群体奉献更多的爱心。

一次偶然的机会，他透露自己是一家儿童福利院的志愿者，那里的孩子从大到小一共 20 个左右，有坐轮椅的，有不能说话的，有手指缺少的，有胳膊不全的，还有腿有问题的……他说自己在每次到那里去和孩子们相处的三个多小时的时间里，那些孩子都非常依恋他，争先恐后地凑到他身边。简单的一个拥抱，往往能让他们激动得热泪盈眶；他在那三个多小时的时间里，也看到了孩子们是多么渴望爱和温暖的关怀……

有人说他在"作秀"，但事实证明，这个主持人是把向社会、向那些需要关怀的孩子们奉献自己的爱心的行动作为日常的一种生活方式始终去坚持——月月如此，年年如此，他以自己的实际行动影响并带动着更多的人参与其中。

或许有人说起奉献爱心时会说："不就是去做点公益事业吗？这有什么难的，我也可以去啊！"但是不要忘了，爱是一种付出，同时也是一种坚持，向社会、向他人奉献爱心需要的不是一次、两次，而应该是在人生成长的路上永远坚持。"一个人做好事并不难，难的是能够一辈子做好事。"奉献爱心不难，做志愿者也不难，难的是坚持与永恒。

有些人认为，这是一个"物欲横流"的社会，所有的付出和爱都改变不了现状，自己也得不到回报；有些人认为，这是一个"世俗"的社会，所有人都戴着虚伪的"面具"，即使自己努力想改变它，也改变不了；还有些人认为，这是一个"自私"的社会，"人不为己，天诛地灭"……其实并非如此。这个社会不缺乏美丽，不缺乏真情，真正有爱心的人会看到社会中那些最善良最美好的东西，也会把自己的爱洒向更多的人。换句话说，一个人如果心里有爱，那么他看到的整个世界都是充满爱的，即使有的时候受了委屈，吃了"亏"，但他依旧会爱心永在，依旧会全心全意地爱这个世界，因为他相信这个世界是光明的，而社会上的某些阴暗面都是次要的，改变不了整个世界的温暖。

其实，每个人都是真善美的结合体，真善美让人的心灵闪光，让人的人格高尚，所以，不要吝啬付出自己的爱心，更不要让人性的真善美离我们而去。

让我们都来做有爱心的人，在我们条件允许的情况下献出自己的一份爱心，比如，在路上看到行动不便的老人扶上一把，为那些需要帮助的人伸出援手……虽然做这些事不一定有什么回报，但当我们做完这些之后，我们会发现我们的内心无比欢畅。

让我们都来做有爱心的人，当看到社会上的阴暗面的时候，能够勇敢地坚持自己的立场，而不是被权势吓倒或与权贵同流合污，要做勇于伸张正义的人。我们要相信，这个世界上正义永远都比邪恶站得住脚。当我们说了真话、伸张了正义的时候，我们的内心会变得轻松无比。

不管什么时候，都要做一个有爱心的人，把自己内心的阳光洒向世界，这样才能够让自己的思想进一步得到升华，品格进一步得到提升。那时候，当我们再看这个世界时，我们会发现到处充满阳光，到处都是友爱，人与人之间更加和谐。

赠人玫瑰，芳香自己

常言道："赠人玫瑰，手留余香。"这源于一则寓言：

古时候，有一个人发现路旁的一堆泥土散发出芳香，于是，就把这堆泥土带回了家。一时间，他的家里竟满室香味。他很好奇地问泥土："你是大城市来的珍宝还是一种稀有的香料？或是价格昂贵的材料？"泥土说："都不是，我只是普通的泥土。""那么，你身上浓郁的香味儿是从哪里来的？"泥土回答说："我只是曾经在玫瑰园和玫瑰相处了一段时间而已。""原来是这样。"这人恍然大悟。

这散发着玫瑰清香的寓言，让我们知道了这么一句谚语："赠人玫瑰，手留余香。"我们不仅要做与玫瑰相处的泥土，去吸收玫瑰的芳香，我们更要自我勉励，自我提高，努力做那芬芳的玫瑰，把玫瑰的清香带给他人。

每个人的心里都有一支玫瑰，玫瑰的颜色各种各样，姿态美丽大方，这种玫瑰就叫作"爱心"。当我们愿意将它奉献，我们的社会将会是何等温馨，人与人之间的关系将会是何等融洽。

下面是一个真实的故事：

有位老奶奶，退休之后做了一名义务辅导整个小区的孩子功课的老师。老奶奶退休前就是一位教师，退休之后，她没有选择让自己闲下来，而是用自己的所有空闲时间给小区里的孩子们辅导功课。

现在的孩子大多是独生子女，爸爸妈妈平时要上班，很少有时间给孩子辅导功课，很多家长为了这件事情头疼不已。

这位老奶奶的做法正好为家长们解决了难题，孩子们放学后都喜欢去奶奶家里做作业，遇到不懂的问题，老奶奶会认真地教他们，做完作业假如还有时间的话，老奶奶会给孩子们讲好玩的故事。原本回到家里就没有人陪伴的孩子们终于在老奶奶这里找到了快乐，除了作业按时完成，成绩不断提高之外，孩子们还收获了快乐和关爱。在退休后的两年时间里，老奶奶一共辅导了 20 多个孩子，而这些都是义务的。

老奶奶用付出给孩子们赠上了自己的"玫瑰"，孩子们不仅提高了学习成绩，而且丰富了业余生活，不再回到家里就一个人对着电视、电脑；而老奶奶也收到了"芳香"，就是孩子们那一声声甜甜的"奶奶"，很多孩子还把自己喜欢吃的都送到她那里。老奶奶的老伴去世了，儿女不在身边，一个人原本很孤独，但是有了这群孩子之后，她的晚年生活不再单调孤独，每天都有孩子们陪着她说话，有时孩子们还会唱歌给老奶奶听……

家长们不用再担心孩子的作业完不成，不用再担心加班之后没时间辅导孩子功课，也不用再担心孩子回家后"没人管"、"疯玩"。家长们像对待自己的父母一样对待老奶奶，每逢过节，都会给老奶奶送上礼品，假如老奶奶的儿女不在身边的话，很多家长还会把老奶奶请到自己的家里一起热闹地度过佳节。

爱是相互的，付出也是相互的，赠人玫瑰的时候，抬起头闻闻,你会发现,清香就围绕在自己身边。所以,不要吝啬爱心,爱心是取之不尽用之不竭的"宝藏",越用越美丽,越用越快乐。试一试去帮助身边的人,你会发现,心情会好上大半天,即使听到的只是一句简单的"谢谢",内心也会无比快乐。

不要吝啬自己的感情,人都是感性动物,用自己的一颗真心去温暖另一颗心,结果是两颗心都热烈地跳动,我们在这其中不但不会失去什么,反而会得到心灵的慰藉与内心的平静,何乐而不为呢? 赠人玫瑰,手有余香,这余香便是幸福的味道。而珍惜生活,磨砺人生,助人爱人,是生命的真谛。

仁爱无敌，学会宽恕

在生活中，不知你有没有发现，如果一个人是仁爱之人，那他一定常能理解别人，也常能宽恕别人。而这样与人为善的人，常常生活得非常舒心、快乐。

学会设身处地地宽恕别人是非常重要的。但在现实生活中常事与愿违，有些人发现了别人的一次谎言，马上就忘了自己曾经说过无数次的谎，不仅立即指出，甚至指责、批评，丝毫不顾及场合，比如，当有人犯了错误时，有些人不仅把他贬得一文不值，而且还"揪住不放"。其实，每一个人都会犯错，人有相同之处，也有不同之处，唯有宽恕，才会发现，在这个世界上，人善良的一面是主要的。

在现实生活中，人们都迫切地需要友情，但友情的重要基础是，人一定要退一步，设身处地为对方着想，不要因为与人有异就苛责他人、教训他人，以显示自己高人一等，而是要有"要是我在他的处境，我会怎么做?"的意识。

事实上，人只要有了爱心，学会了宽恕，就能够更好与他人相处，自己的生活也会更幸福。

有这样一个故事：

圣诞节前一天的傍晚，天空中乌云密布，商店里最后一批顾客正匆匆忙忙地赶回家去。然而，南二街上的旧钟表店内依然灯火通明，满头银发的店主埃德加正在调整壁炉钟内的乐钟。

忙活了一天的埃德加沉浸在对往事的回忆中：他童年时生活在加利福尼亚，一位老钟表匠先给他一些简单的机械装置的钟去练习修理，然后逐步对他修理的铁路用钟、手表、标准钟和装有乐钟的大钟一一检查。看着埃德加的这些"作品"，老钟表匠爬满皱纹的脸上露出了欣慰的笑容。这位老钟表匠是埃德加的父亲。埃德加虽然双耳失聪，但在日积月累地修理旧钟的工作中生活得非常愉快，和周围的人们相处也其乐融融。在别人眼中，埃德加是一个非常慈祥、可亲又乐于助人的人。

埃德加干完了活，站起来准备锁门关店，这时他突然感到从前门袭来一阵冷风。他转过身去，准备接待最后一位顾客。但是，进来的是两个强壮的男人，直觉告诉他，来者不是顾客。那两个人身着派克上装和牛仔裤，一个 30 多岁，另一个近 20 岁。年轻的那个人停在店门旁，年长的那个人两眼露着凶光朝柜台走来。埃德加一边慢腾腾地把记事本和铅笔推到柜台台面的另一端，一边尽力抑制着愈来愈强烈的不安情绪。

埃德加朝那张紧绷着的脸微笑了一下，然后用手指指自己的耳朵，摇了摇头。那人仔细观察记事本，那张紧绷着的脸露出一丝吃惊的神情，然后转过身去对他的同伙咕哝了几句。

埃德加乘机仔细打量那人，他注意到那人插在上装右口袋中的手在不安地颤抖着，暴露出来者的不良企图。埃德加非常紧张，但他随即镇静下来，他意识到，这两个人可能实在是走投无路了，否则也不会在圣诞节前一天的晚上"光顾"自己这家冷清的店铺。于是，他慈爱地看了两人一眼，然后在记事本上写道："孩子，我能帮助你吗？"看到这句话，那人第一次以温柔的目光看了下埃德加，然后笑了，然而这微笑似乎又夹杂着不怀好意。埃德加也明白那人为什么把他的同伙留在门口，看来这两个人真的准备铤而走险对自己"行凶"了。

钟滴答滴答地走着。这时，埃德加反倒镇静了下来，他不慌不忙地又写了一句："你是来当钟表的吗？"他指指放满挂表和怀表的"当"柜。埃德加不是典当商，但是，他每当看到一些人把他们心爱的东西放在他面前要求典当时那种可怜的模样，都会于心不忍地收下。而当货主来赎取时，这些东西总是原封不动地放在埃德加那里，并且货主只须付给埃德加当时典当时的价钱，不用付分文利息。

这时，那人稍许放松了些，他把手从口袋里抽出来，仔细看了一下自己手腕上的表，写道："这块表你给我多少钱？"

埃德加发现在他面前的那双灰色眼睛流露出窘迫的

神情。那人腕上的表很普通，不过此时却拥有了巨大的力量——这是"讨价还价"的工具，更是摆脱困境的出路。埃德加理解穷途末路的窘境，他明白这块表不值多少钱，但他决定帮助他们，并让他们带着自尊离开，于是他在记事本上写道："你需要多少钱？"那人写道："值多少就给多少。"

埃德加把手伸进钱箱，拿出一张50美元的钞票塞在那人的手中。两人紧紧地握了一下手。通过这一握手，他们互换了同情和感激。两人都明白这块表不值50美元。那人摘下腕表，在转身离去前写道："一旦我有了钱，我会马上来赎。祝圣诞节快乐！"

通过这个故事，我们可以发现，在生活中，很多人总是抱怨别人待自己不好，而从不检讨自己的言行。实际上，只要你足够宽容，以礼待人，有时，甚至强盗也会被你感动，不忍加害于你。所以，理解别人，宽恕别人，从别人的立场出发考虑问题，会使你免遭许多麻烦和苦恼。

不让善良的心蒙尘

"身似菩提树，心似明镜台，时时勤拂拭，不使惹尘埃。"这是佛家的悟禅之言。意思是说：每个人都有一颗心，每颗心都有爱，每颗心都会蒙尘，如果不时时反省、自察，就会让心蒙垢。

有这么一个故事：

晓莉在幼年的时候父母因为车祸去世，自己很幸运地被一户好心的人家收养了。收养她的那户人家里有一个儿子和一个女儿，养父母对她和对自己的孩子没有什么区别，都一样疼爱。随着年龄的增长，晓莉慢慢长大了，后来和这户家里的女儿品如爱上了同一个男孩。

虽然晓莉才貌出众，但男孩子却喜欢相貌平平、性情温和的品如，选择了和品如在一起。晓莉因此产生了强烈的恨意，在她的心里是品如夺走了自己的心上人，抢走了自己的幸福。于是，她不顾家人的反对，毅然选择了去国外留学，她想通过自己的努力换回自己的幸福。

5 年后，学成归来的晓莉成为一名高级美容师，而品如却依然本分地过着自己的生活。争强好胜的晓莉咽不下当年的那口气，她决定报复，想方设法破坏品如的家庭。

她精心策划了一系列闹剧，最终如愿以偿地让品如的家支离破碎，也俘虏了当年那个男人的心，两人不顾家人的指责，迅速结了婚，并且很快有了一个可爱的儿子。正当晓莉春风得意的时候，命运和她开了一个玩笑：晓莉不知道从什么时候开始感觉腹部特别疼，去医院一查竟然是胃癌晚期，查出来的时候癌细胞已经开始全身扩散了。得知这个消息后，在她生命仅剩的最后一段日子里，陪伴晓莉的不是抢来的丈夫，而是自己的养父母和姐姐品如，之前所有的恩恩怨怨似乎一下子都消散了，养父母依然怀着对自己孩子的关心和疼爱照顾她。

在晓莉生命的最后一刻，她一边忍受着病痛的折磨，一边在内心深深地谴责自己，想起自己之前做过的那些事情，她开始反思自己。她看到了自己心灵的污点，想用自己最后的时光来擦拭掉那些污点——虽然她的时间已经不多。她为自己的养父母买了一栋房子，并且告诉自己的儿子将来要好好地孝顺外公外婆，最后满怀愧疚地闭上了眼睛。

这是个令人深思的故事。每个人来到这个世界上注定要经受不同的考验，有时难免会憎恶身边的人，但为人一定要心存善念，千万不要赌气，更不要想方设法地为了"解气"而报复，要知道，报复不会让人的内心有任何快感，相反，报复会使自己的良心更难以安宁。

每个人心里都有属于自己的一面明镜，这面明镜在自己的内心深处，所以要善于反思，经常擦拭，以免心中的明镜蒙尘。很多人因为忙碌的生活与工作，经常会忘记自己心中的明镜，但是，真正的明镜倘若不经常擦拭，难免会有污点和尘埃。所以，我们需要定期擦拭与保养心中的明镜，只有这样，才能保持心的纯净和善良的本性。

假如我们心中的明镜不小心沾染了灰尘，不再干净了，那么我们照出来的将不再是自己的本来面目，而是内心扭曲、丧失了善良本性的我们。所以，无论我们心中的明镜上有无污点，都要经常擦拭。

人间自有真情在

"问世间情为何物？直叫人生死相许。"相信每个人都不会对这句话陌生，一个"情"字，让多少人魂牵梦绕？当然，我们这里所说的"情"指的是大情大爱，并非只是爱情。每个人来到这个世界上都是带着感情来的，无论是对父母的恩情，还是对朋友的友情，亦或是对爱人的爱情，都是人之常情。

每个人都有情，每颗心都有爱，大千世界，人们于茫茫人海之中，能够彼此认识、相互了解、相互走近，就是上天赐予的"缘分"。所以，人应以极大的热情和爱心，全身心地迎接每一天的人与事，这样，生活才会是生机盎然的，生命才会是有意义的。

强大的力量能够劈开一块盾牌，甚至毁灭生命；但是，温情与关爱具有的无与伦比的魅力，会使人们敞开心扉。世上虽然不乏丑恶的现象，但毕竟，善良、仁爱的人还是居多，人间自有真情在。

这是我经历的一件事。

当我还在上小学的时候，学校附近有位老奶奶，她家里没有其他亲人，老奶奶年纪不小了，但是为了每天的生计不得不断劳作，老奶奶每天都去田里耕作。当我们从老师口中听说这件事情的时候，每个人心里都非常不好受，于是我和几个同学约定放学后一起去看望老奶奶。

老奶奶的家虽小，却非常整洁干净。我们到的时候，老奶奶在整理院子，看到我们她非常高兴，赶紧拿来几个苹果给我们吃。我们把爸爸妈妈留给我们的好东西拿过去和老奶奶一起分享。每一次，老奶奶都会留下她舍不得吃的好东西等我们来。

我们坚持在自己有时间的时候就去看望老奶奶，随着老奶奶年龄的增长，她的身体渐渐不太好了，而我们在那个时候也毕业了。读中学以后就没有那么多时间去看老奶奶了，但是只要有时间我们就一定会去看望她。后来有一天，当我们再次走进那间小屋的时候，里面等待着我们的不再是老奶奶慈祥的笑脸，而是空荡荡的屋子，老奶奶已经微笑着离开了人世。邻居看到我们来了，和我们说老奶奶走得非常平静，在生命的最后时刻她一直惦记的是我们这几个孩子，她把我们看成是自己的孩子，说着邻居还拿出了老奶奶毕生留下来的积蓄交给了我们。虽然老奶奶走了，但是我们每个人记得，曾经有那么一段时间，有位老奶奶和我们一起走过。

在别人看来，这是一件非常小的事情，或许根本就不值一提，不就是去看望一个老人吗？谁不会呢？可是能坚持下来、陪着老人家走完生命的最后一段时光的人并不多。所以，真情不是挂在嘴上，而要有坚持不懈的行动。

人和人之间的相处贵在真诚，人一定要胸怀真情，与人为善。不管在哪里，不管做什么，在遇到需要帮助的人时，能热情地伸出自己的双手帮上一把就要上前帮忙，即便是帮不上什么大忙，哪怕只是微笑着对他们说一声"加油"，也会让自己觉得快乐。

雷锋的事迹大家都知道，雷锋的一生虽然在物质上是清贫的，但是他在精神上却非常富有，因为他用自己的行动帮助了身边那么多遇到困难的人，所以他的精神一直被人们传颂至今。雷锋精神就是人间自有真情在的最好诠释。

看到过这样一则报道：

一个捡废品的孤苦老人在看到失学儿童那一双双渴望读书的眼睛的宣传海报后，决定帮助那些可怜的孩子。之后，他用自己辛辛苦苦捡废品的钱资助了四名失学儿童，直至他们完成了学业。

这个老人是那样的无私，人们为他的爱心感动。老人本身的生活并非衣食无忧，但是失学儿童牵动了他的仁心，他不仅心动，同时行动，把省吃俭用攒下来的钱捐给希望工程。

也许有些人认为老人很傻，认为他自己都很难做到温饱，哪有能力去献爱心，但是，这个老人认为，自己的力量再小，只要胸中有爱、心中有情，就是对社会最好的奉献。这个老人的精神是伟大的，他的人格是高尚的。我们的社会呼唤的就是人间自有真情在的爱心。这样的人越多，我们的世界才会变得越美丽，有爱心的人越多，我们才越会感受到人间的温暖，体会到这个社会最美好的一面。

在这个人与人相处的大家庭中，每个人的生活环境和条件迥异，人与人需要比的不是谁更有钱，谁更有权势，谁更有成功的事业，因为，在社会积累巨大物质的同时，更需要的是情意。每个人都有感情，这些感情不能仅仅局限于亲情、爱情、友情，因为仅有这三样，未免太狭隘了。社会中的真情最重要，只要人人都献出自己的一份爱心来努力营造和谐社会，我们的社会就会变成一个温暖的大家庭。

学会感恩才能懂得爱

感恩是一种美德，感恩的心一定要时时保持，它不仅让你关怀一沙一石、一草一叶，还会让你缓解无形的压力，克制不满的欲望，抚平争斗之心。

懂得感恩，是收获幸福的源泉。懂得感恩，你会发现原来自己周围的一切是那样美好。落叶在空中盘旋，谱写着一曲感恩的乐章，那是树对大地的感恩；白云在蔚蓝的天空中飘荡，描绘着一幅幅感恩的图画，那是白云对蓝天的感恩。在人生中，我们也要学会感恩，让感恩成为习惯，成为努力的方向。

懂得感恩是获得幸福的源泉。一个人如果常怀一颗感恩的心，那么，他就会感觉到生活是幸福的，并且随时能品尝到幸福的滋味，如此一来，他就会更加珍惜生活中的一切，就会觉得人生无比美好。

懂得感恩是一种具有爱心的表现。在生活中，如果我们每个人都不忘感恩，人与人之间的关系会变得更加和谐、更加亲近，我们自身也会因为感恩心理的存在而变得更加健康、更加快乐。人懂得付出，懂得爱他人，懂得爱这个世界，就会懂得报恩、感恩。人若感恩，有很多形式，像话语中的道谢，像伸出援手去行动；人若感恩，可以处处发现值得感恩的人和事，甚至物，比如，各行各业的人努力工作，我们才有一切衣食器具与避风御寒的屋宇；天下各种动物、植物、矿物的存在，为我们提供维持生命和赏心悦目的资源。

在生活中的每一刻，我们都要尽量去感恩。我们要感谢父母的养育之恩，感谢老师的教育之恩，感谢朋友的关怀之恩，感恩我们赖以生存的环境：阳光、大地、空气，感恩所有使我们能够有成就的人。我们还要感谢伤害我们的人，是他们使我们变得更加成熟；感谢欺骗我们的人，是他们让我们增长了见识，提高了心智；感谢斥责我们的人，是他们让我们增长了智慧。感恩会让我们心中的太阳越来越明亮，所以，我们要以感恩的心来面对每一个人、每一件事，这样我们将生活得更加快乐、自由、幸福！

1860 年的一个暴风雨夜晚，埃尔金圣母号轮船和一艘运木头的货船相撞，沉没了。船上的 393 名乘客掉进了密歇根湖。这些人中，有 279 人被淹死了。爱德华·斯宾塞是一名大学生，他一次又一次地跳进水中，营救落水乘客。当他从水中救出第 17 个人时，他筋疲力尽地摔倒了，从此再也没能站起来。在后半生里，他只能靠轮椅生活。后来，据芝加哥的一家报纸报道，几年后，有记者问他对于那个夜晚，他感触最深的是什么，他说："我感触最深的，就是那 17 个人从来没有向我表示过感谢！"

有人可能会说："我不容易产生感激之情。"但你不感激他人的帮助，他人也不会感激你的帮助，如此一来这个社会就不会和谐，人与人之间就会变得冷漠。西方哲人说："当一个人意识到是信念、梦想和希望使他生活中的一切成为可能的时候，他越伟大，同时就会越谦逊。任何一个人为自己的成就感到骄傲时，就让他想一想他从前从别人那里得到的一切，因为，是他们的信念帮助他校正了生活的方向，他最好的奋斗目标就是去实现他们的信念。"

当然，感激之情不是自动就会有的，而是需要经过我们的努力不断培养起来的。换言之，在我们奋斗的过程中，我们不要只顾"埋头拉车"，也要"抬头看路"。要经常想想谁帮助了自己，谁鼓励了自己，如果我们做到了感恩，我们心中的爱就会越来越多；但如果把感恩抛诸脑后，我们的生活就会越来越封闭，心也会越来越来狭隘。

许多人从没有真正感受过他人对自己的感恩或是表露过对他人的感激之情。以写《达到经济自由的9个步骤》一书而成名并致富的奥曼买得起劳力士手表和名牌服饰，开得起豪华跑车，也能够到私人小岛度假，却坦承她没有满足感，甚至有好友在旁时，她仍然会感到寂寞。

奥曼说："我已经比我梦想的还要富裕，可是我还是感到悲伤、空虚和茫然。钱财居然不等于快乐！我真的不知道什么东西才能带来快乐。"后来，奥曼总结道，是缺乏感恩之心让她变得孤独、寂寞，于是她开始有意识地感恩，终于，她感悟到，"感恩之心是快乐的秘诀"。

普拉格在《快乐是严肃的题目》一书中曾引述了这样一个观点：人之所以不快乐，是因为人本身出了问题，人只要把有问题的部分修正好就行了。根据他的看法，不知感恩是造成很多人不快乐的一大原因。他提醒做父母的应该好好教导孩子知道感恩与满足。他说："如果我们给孩子太多，让他们的期望越来越大，就等于把他们快乐的能力给剥夺了。"他还说："做父母、做长辈的有责任要求孩子们学会从心里说'谢谢'。"

所以，我们要学会感恩和知足，只有这样，我们才能感受到爱，才能努力去奉献爱，我们也才会真正快乐起来。

"走红走紫，走马走灯，不如走个真人生；求权求位，求金求银，不如求个好心情。"好景不常在，好花不常开。人生短暂，好好地珍惜身边的人和事吧，好好地善待身边的人和事吧，好好地把握身边的人和事吧！让自己的修养在潜移默化之中得到提升！

　　人到底拥有多少幸福和快乐，取决于人到底付出了多少爱。确实，不论人取得了多么巨大的物质成就，如果这些成就不能有助于社会的繁荣和发展，那么，这些巨大的成就最终不会给人类带来幸福。

　　因此，在生活中的每一刻，我们都要尽量去感恩。

爱的真谛在于无私奉献

我们生活在这个世界上，既要爱自己，也要学会爱他人。因为，爱的核心在于爱他人，爱的真谛在于无私奉献。

在这个世界上，人不能一味地只强调要别人来无条件地爱自己——任何人都没有这个权利。而且，一个人的财富、地位、权势、美貌……根本不能为他带来真正的朋友。人若想赢得他人的尊重和喜爱，拥有更多的朋友，首先必须愿意为他人奉献自己的爱心。不懂得奉献爱心的人也不会得到别人的友爱。

一个女孩曾对父亲这样抱怨说："我不明白，在学校里同学们为什么都那么自私自利呢？他们只考虑自己，从不照顾我！"这从另一方面说明这人女孩自己对同学就很不友善。

其实，假如你的同伴不喜欢你，那么，这在很大程度上是你自己的过错——不要去强调别人的自私、别人对你无爱，要想想自己是否私心太重了。比如，当你内心自私的念头占上风时，你是否会去做一些让你的朋友不高兴的事情；再比如，你是否孤芳自赏，不愿意牺牲自己的一点私利等等。

一个人在社会上生活，总要和家人、亲戚、朋友、同事等各种人打交道，这些人的性格脾气、兴趣爱好、品德学识、生活习惯……一定是千差万别的。每个人都有着极其丰富的内心世界，如果你不愿意付出自己的爱而只想索取别人对你的爱，那么是没有人愿意与你成为朋友的。

当你只关心自己，而不考虑别人的感受时，你的自私会让你与身边的人拉开距离；当你态度生硬、傲慢地待人时，你就等于孤立了自己；当你竖起眉毛，瞪圆双眼，呵斥别人时，不论你多么优秀，你也只会让人讨厌。

结交更多的朋友从日常生活的许多小事中就可以做到。你可以反感迪斯科，但你绝没有理由讨厌跳这类舞的人；如果你能以优美的华尔兹、探戈舞步唤起他们的兴趣，并做他们的教练，不仅会给大家带去欢乐，你自己也会快乐。

面对素不相识的陌生人，人如果不吝惜自己的爱心，在关爱自己的同时也照顾对方的感受，在他人遭遇困难的时候不是熟视无睹而是主动伸出手来给予帮助，那么，大家都会感到这个世界是温暖而充满阳光的，双方都愿意做朋友，而且，当你需要帮助时，他人也会伸出援手。人的感情都是相互的，你给予这个世界、给予别人爱心不会让你损失什么，反而会让你受益良多——肯于主动奉献爱心和别人交往的人，定能获得更多的友谊和乐趣。

一个人生命的价值不是用时间来计算的，而是以其贡献了多少爱来衡量的。

有这样一则寓言：

一道雨后的彩虹看到下面有座弧形的石桥，它对石桥说："我的大地上的姐妹啊，你的生命可比我长久多了。"石桥回答："怎么会呢？你那么美，在人们的记忆中必然是永恒的。"

彩虹的生命没有石桥永久，石桥也的确没有彩虹美丽。但是，彩虹与石桥的看法都是片面的。石桥固然不美，但它长久稳固地架于两岸之上，默默地为人们工作，这是它生命的价值；彩虹虽只有在于雨过天晴的瞬间，但它那瞬间的美丽却给人们留下了永久的记忆，这同样是生命的价值。一个人的生命是有限的，人生之旅不过几十年，我们无法无限延长它，无法求得它的永久，但我们可以奉献自己最大的爱心，让生命更有价值。所以，无论是长久存在，还是一次瞬间美好的展现，都可以说是生命的永恒——生命的价值不在于生命本身的长短，而在于奉献的多少。人只要有所奉献，生命就是美丽的。

1998 年夏，我国长江、松花江、嫩江流域发生了持续三个月的历史罕见的特大洪水灾害，在这次严峻的抗洪救灾行动中，当地许多居民主动拆掉自己的房屋，甘愿牺牲"小家"为"大家"。湖北沿江放弃大小民院 100 多处，转移人口数十万。为了做好分洪准备，公安县按照规定在 16 个小时内完成 32 万群众的转移工作。

当黑龙江大庆油田南大门只剩下肇源堤防最后一道防线时，为了保住大庆，农民们含泪挖开支渠，把滔滔江水引向绿油油的农田，引向自己的村庄。他们说，牺牲"小家"，保住国家特大油田是值得的。

在抗洪前线 20 万将士中，有近四分之一的官兵家中受灾，有的官兵家人被洪水冲散，但这些官兵放下忧伤，去救群众、堵激流。为了支援抗洪抢险，他们在"三江"上游地区主动承担风险；各主要水库主动储洪，减小下游洪水压力。全国各地，从中央到地方，从各级领导到普通老百姓，各行各业都从抗洪大局出发，有钱出钱，有力出力，有物出物，奏响了一曲"一方有难，八方支援"的爱的奉献之歌。

中国儒家文化十分重视"仁者爱人"精神的涵育，强调"厚德载物"的道德思维和行为方式，对扶危济困的人物，《史记》、《汉书》等书中均有记载，目的是彰其美德，永传后人。

是的，如果一个人能够无私忘我地为别人、为社会、为国家奉献自己的爱，犹如春风化雨，润物无声，周围的人就会感受到他们的光与热，他们的人生也因此而更有价值和意义。

许振珊，山东省烟台市义工，她为了帮助儿童村的孩子们，匿名捐款 20 万元，每次都从不肯透露自己的真实姓名。在许振珊看来，这就是一个人对社会的大爱。

周健花，烟台海阳市的一位保洁员。在 40 万平方米的保洁区里，她一年要磨破五条自行车轮胎，要走一个二万五千里"长征"。

郝翠芳，先后主持完成多项"试管婴儿"科研课题，其试管婴儿成功率居 55% 以上，是全国最高水平。

李登海，一个平凡的农业科研工作者，他的做人信条是"活一天，就要为国家奉献一天"。虽然他的科研之路并不平坦，可以说条件相当简陋，但他无怨无悔，兢兢业业，吃苦耐劳，耐得住寂寞，守得住清贫，面对失败与坎坷，凭着奋进不息、拼搏向上的精神，最终开创了我国玉米的高产之路。

　　这些人都用他们的实际行动体现了他们内心的大爱。

　　榜样的力量是无穷的，只要人人都献出自己的一点爱，世界将变成美好的人间。所以，让我们都来为别人、为世界无私地奉献出自己的爱心吧。

人人都可以奉献爱

有人说：奉献爱心是有条件的，比如有钱、有地位、有名望、有号召力……但事实并非如此，付出爱、奉献爱实际上不需要加上任何条件，无论是谁，都可以帮助他人，都可以对他人、对社会奉献出自己的爱心。

2007 年末，美国加利福尼亚州的《慈善周刊》开展了首届"年度慈善人物"评选活动。帕德是《慈善周刊》的记者，也是评选委员会的工作人员，他的工作是负责统计来自电子邮件的选票。那天，他收到的电子邮件还是像往常一样，反复出现这几个人的名字：比尔·盖茨、默克多、巴菲特、拉里·埃里……个个都是著名的、常常为慈善事业捐款的富豪。

帕德像往常一样做着登记。突然，他看到一个很陌生的名字，紧接着反复看到这个陌生的名字：沃伦·皮尔斯。

"沃伦·皮尔斯？他是谁？做什么的？"帕德感到很奇怪。他从来没有听说过沃伦·皮尔斯这个人，富豪群里没有，名流圈里也没有。发来邮件参与活动的那些人都没有留下地址和电话，只在邮件里写了沃伦·皮尔斯这个名字，也没有对沃伦·皮尔斯进行介绍。帕德按照规定，为沃伦·皮尔斯做了登记。

第二天，帕德又看到了"沃伦·皮尔斯"这个名字，而且不止一次，很多封邮件上都写着"沃伦·皮尔斯"这个名字。后来，他从发邮件来参与活动的信中终于查到了线索，原来，这些人都来自同一个地方：布里维尔镇。

来自职业的敏感让帕德意识到，这么多人推荐沃伦·皮尔斯作为"年度慈善人物"绝不是偶然的，于是他决定去布里维尔镇探访这个叫沃伦·皮尔斯的人。布里维尔镇位于加利福尼亚北部，多数居民为印第安人。帕德联系上了一个叫尤杜里的人，他是其中一个发邮件推选沃伦·皮尔斯入《慈善周刊》年度慈善人物榜的，而且他还是这个镇的镇长。尤杜里很爽快地答应陪帕德一起去见沃伦·皮尔斯。

帕德千里迢迢来到布里维尔镇，见到尤杜里后的第一件事就是打听这个叫沃伦·皮尔斯的人。尤杜里马上打开了话匣子。一路上，尤杜里向帕德讲述着皮尔斯的故事。原来，皮尔斯是一家鞋厂的退休工人。他和妻子从繁华的洛杉矶搬到布里维尔这个清静的小镇生活。虽然他们来到小镇不到两年的时间，但整个小镇的人差不多都知道他是个热心的老头。他在家门口摆了个修鞋摊，义务为小镇的居民修鞋。居民们到皮尔斯那里修鞋，不仅不花钱，反而可以喝上一杯茶，并坐下来和皮尔斯聊天。

和皮尔斯聊过的人都说和他聊天是一种享受，因为他总是像老朋友似的，让很多人感受到温暖和生活的美好。有很多人闲着无事，不修鞋也愿意到皮尔斯那里坐坐，和他聊天。有的人无暇分身，不能按时去学校接孩子，只要给皮尔斯打个电话，他会把孩子平安地接回来照看，直到家长过来把孩子接走；有人如果举家外出旅游，可以请皮尔斯照看家中的宠物，回来时，宠物和皮尔斯已经成了好朋友。皮尔斯

常常向小镇的居民提供自己力所能及的帮助，他被小镇的居民称为"布里维尔镇义工"。

帕德在镇长尤杜里的带领下见到了皮尔斯，一个精神矍铄、面容慈祥的老人。当帕德告诉老人他被布里维尔镇人推选为"年度慈善人物"时，皮尔斯笑着说："我可不想当什么慈善人物，我只想做一个快乐的老头儿。"

回到报社，帕德连夜将皮尔斯的事迹写了出来。很快，《慈善周刊》的读者在"年度慈善人物"专版看到了对沃伦·皮尔斯的介绍。一个普普通通的退休老头儿和那些大名鼎鼎的慈善家赫然同列，但没有一位读者提出异议，反而有许多读者来信支持沃伦·皮尔斯成为"年度慈善人物"。

比尔·盖茨在看到报道后来信说："我为能同皮尔斯老人站在一起感到荣幸。对于那些需要帮助的人而言，有许多事情我能做到却没有做，而皮尔斯却做到了他能做到的事。"

可见，慈善家不是那些具有显赫身份地位、拥有巨额财富人士的"专利"，人人都可以成为慈善家——只要你有一颗善良的爱心。

在美国，从 20 世纪初的卡内基、洛克菲勒到 20 世纪中期的福特、20 世纪末的特纳和比尔·盖茨，他们都遵循"发了财就捐赠"的做慈善传统，而且都着眼于促进文化教育事业。

卡内基很早就发表过一篇《财富的福音》的文章，这篇文章现如今已成为投身于公益事业的人们的经典之言。卡内基在此文中表达了一种信仰，归纳起来就是：社会的贫富不均是正常现象，人有优劣之分。那些处于社会上层的人是凭他们的才能和努力达到他们的地位的。但是一旦拥有了财富和荣誉，他们就有责任为帮助不幸的"兄弟"和改善社会而做出贡献，这也是上帝的旨意。卡内基还有一句名言："在巨富中死去是一种耻辱。"所以，他认为捐赠不能等到死后，如何"散财"和如何"聚财"同样需要智慧和才能。

老洛克菲勒也有类似的观点。他认为：巨大财富如不在生前做恰当处理，对子孙是"祸"不是"福"，甚至对社会将产生不良影响；要科学地进行慈善捐赠，使花的钱产生最大的社会效益，变"零售"为"批发"。这是他建立基金会的由来。他的信条之一就是"尽其所能地获取，尽其所有地给予"。

时至今日，慈善事业已进入了许多富人们的日常生活，很多从事科研、教育、文化或社会公益事业、需要帮助的人都可以向某个慈善基金会报"项目"，申请资助。事实证明，从事慈善事业不仅是富人的专利，也是普通百姓应做的事。

在西方，家长十分注重对孩子奉献社会、为他人付出意识的培养：从幼儿园的孩子到高中生，他们经常为某项慈善活动、公益事业乃至自己的学校或某项设施募捐，他们也经常做像动员他人订购图书、报刊，用获得的利润差价向慈善机构捐款的事，到养老院看孤寡老人的事，等等。想想看，孩子若从小就参与慈善活动，长大后一定是有爱心的人；他的奉献精神、付出意识也必定不会淡薄。

作为善良、有爱心的人，我们也应该努力帮助别人做一些力所能及的事情。有些事情也许对你自己没有什么价值，但对于他人来说就可能有特殊的重大意义或价值，比如，在别人落难时，帮助别人走出困境，重拾信心；比如，孩子找不着父母时，把孩子送到广播站等等。

爱心是人事业的风帆，人爱心满满，事业就会大发展；反之，人计较来计较去，自己就不会有长足的进步。

前进路上寻伙伴

提起孤单，或许每个人都不会喜欢，因为每个人都害怕一个人过孤单的生活，谁不希望一大家人和和美美，一起吃饭，一起生活？孤单的世界是一个非常可怕的世界。我们在前进的路上需要找伴，这样一路上才不会孤单。

分享是一种享受，因为分享我们才更加了解彼此，人在让自己了解社会的同时也让世界了解了自己，人们彼此分享才能更好地认识整个世界，同时也才会更好地认识自己。懂得分享的人更懂得人生的真谛，懂得分享的人更懂得生活的意义。

每个人在一生中都会有很多很多的朋友：儿时的玩伴、学生时代的同学、上班时候的同事、匆匆而来的每一个人、匆匆而去的每一个人。不要吝啬自己的情感，用心好好与自己的知己、自己的伙伴经常分享心情，经常分享快乐，是一件非常幸福的事。

　　人生之路漫长，我们都在自己的人生路上不断前行，从幼小无知的童年到慢慢长大的青年再到逐渐成熟的中年，最后到了老态龙钟的晚年，每一个阶段都会遇到"伙伴"。小时候的玩伴、长大后的同学，工作后的同事，甚至结婚后的伴侣都是我们生命中的"伙伴"，尽管他们不见得永远与我们在一起，有些人只是在我们生命的特定阶段陪着我们走完特定的路，但无论那段时间是长是短，总之，因为他们的陪伴，我们在这一路上走得不那么孤单，辛苦却快乐着。

　　辛苦需要分享，快乐也需要分享，就像是一个苹果两个人一起吃，我们会觉得特别甜。一份快乐两个人一起分享，那么快乐就会多很多。在人生前进的道路上，假如我们找伙伴一起前行，一路上有志同道合的伙伴的话，那么，肯定比自己独行的力量大，而且，这一路上将会是风光无限好，即使陪着我们的伙伴只和我们度过一个短暂的阶段，但是我们依旧会记得和他们一起经历过、奋斗过的那段岁月，这就已经足够了。

有这么一个小故事：

从前，两个好朋友相约结伴去登雪山，在他们快登到山腰的时候，突然开始下大雪，一时间大雪覆盖了整个雪山，周围气温迅速下降，他们两个都似乎要被冰冻住了，在大雪中一步步艰难地移动着脚步。

突然，他们发现在前面不远处有一个人躺在那里，看样子也是一位登山爱好者，他似乎是被寒冷的天气冻晕了。雪花漫天飞舞，两个人对着那位被冻晕的登山者沉思，其中一个人坚持要救这位个人，而另一个人则想快点下山。

两个人争吵了半天，最后那个坚持要下山的人气急败坏地独自走了，而另一个人则脱下自己的手套，在寒风大雪中给那个昏倒的登山者按摩起来，在给那个被冻晕了的人按摩的同时，他自己竟然也不觉得有那么冷了。终于，那位登山者在他的帮助下慢慢醒来，他又拿出酒和食物给登山者吃，等登山者恢复了体力，两个人开始攀谈起来。他得知，原来昏倒的这个人是一位著名的气象学家，气象学家推测，大风雪即将来临，得在恶劣的天气到来之前赶紧离开这里。于是他们决定赶紧一起下山。这位气象学家曾来这里考察过，对这里的地形比较了解，在他的指引下，两个人很快找到了下山的路，躲过了那场大风雪。而那个独自下山的人，却因为在大雪中迷失了方向，最后被冻死了。

毫无疑问，故事中富有爱心的登山者是明智的，上天因他的善良也给了他最好的馈赠，让他和气象学家平安脱险。

我们生活在一个群居的社会里面，我们不是鲁滨逊，能离开他人而一个人去独闯社会，所以，我们在人生之路上前行的时候，最好寻好伙伴。伙伴可以是自己的爱人，也可以是自己身边的熟人或朋友，而更多的时候，伙伴可能是我们在人生路上不经意间遇到的路人。人生路上的每一次擦肩而过，对于我们来说，都是生命最好的馈赠，所以不要说你找不到可以陪伴你一起前行的人，只要你敞开自己的心扉，很快就能在自己的人生之路中找到合适的伙伴。

人需要找个伴一路前行，因为在前进的路上有人相伴，才会在遇到艰难险阻、遇到快乐幸福时，互相鼓励、互相关照、互相分享，而不管是顺境还是逆境，不管是快乐还是悲伤，有人分享总比一个人承担要好得多。

在一所大学里有两个女孩，一个名叫静静，她不管做什么都喜欢找人一起做；而另一个女孩岚岚，性格有点孤僻，不管做什么事情都是一个人，两个人在同一时间进入了同一个班级，并且分在了同一个宿舍。

两个女孩不同的性格，不同的处事态度，最终，产生了不同的结果：不喜欢孤单而行的静静人际关系处理得很好，所以，她不管做什么事情都进行得比较顺利，还没毕业就已经找到了一份自己喜欢的工作。而岚岚性格相对孤僻，虽然家庭条件稍微好一点，但是因为做什么事情都喜欢一个人，所以，她身边的朋友越来越少，总是独来独往。有一次她一个人去逛街，过马路的时候一辆电动车突然行驶了过来，司机酒驾，岚岚不小心被撞伤了。由于那个时候只有她一个人，所以她在那一刻都不知道该找谁帮忙。幸好有位好心的路人上前帮了她一把。还好她伤势不是很严重，没有留下什么后遗症，而她毕业之后走向工作岗位还是没有改掉一个人行动的习惯，以致于仍然没有朋友。

要承认，一个人相对于社会而言，可以说是沧海一粟，人不管做什么事情都不能缺少他人的帮助。按照哲学上的说法，每个人都是生活在社会上的个体，人们需要在社会这个大家庭相互帮忙、相互依存才能让自己生存得更好，社会也才能得以发展。或许有人会说鲁滨逊一个人在孤岛不是一样可以生活吗？但是请不要忘记，鲁滨逊只是小说中的人物，现实生活中这样的人几乎不会存在。马克思主义哲学说："人的本质是一切社会关系的总和。"也就是说，社会关系源于个人，因为有了个人，所以才有了人与人之间各种各样的关系，社会关系的建立需要人与人之间不断地沟通、了解，这样才能更好地发展。

是的，前进路上有伙伴，益处多多。假如有一天你生病了，身边有个人照顾你、关怀你，你就不会一个人承受病痛的折磨。在病痛之时，普通的一杯水都能让你感到欣慰，因为在这个世界上有人关心你。

前进路上有伙伴，当你难过了，身边会有人倾听、安慰你，那样你的心里会畅快很多。

前进路上有伙伴，有一天你成功了，身边会有人鼓励你、恭喜你，你的成功会有人分享，让你更加快乐。

在这个世界上，我们都不是单独的个体，我们都离不开社会这个大家庭和自己的小家庭。所有前进路上的欢笑和泪水，因为有人陪伴，才显得弥足珍贵；所有前进路上的成功与失败，因为有人陪伴，才显得更加宝贵；不管前进路上有何风雨，只要有人陪伴，人就不会感到孤单。

独乐乐不如众乐乐

每个人都需要友情，分享是一件很幸福的事情。"一份快乐，假如你学会和身边的人一起分享，那么你就会拥有两份甚至是更多份快乐。假如你有一份痛苦，向身边的人诉说，你将只剩下半份痛苦。"

懂得分享的人其实是懂得人生的人，一个人再怎么快乐，没人分享，时间长了也会觉得没有意义。在生活中，每个人都会有这样的感受：一个人笑笑很快就过去了，而两个人、三个人抑或是一群人一起笑的话，我们会笑得更舒心，持续的时间也会更长。所以，我们要学会和身边的人一起分享生活中的所有酸甜苦辣，而这也是生活的大智慧。

有这样一个故事：

一位农民一次从外地换回了一种品质优良的小麦，这种

品种的小麦种植后，产量大大增加，这让农民非常高兴，在周围人的眼中，他成了一位种田能手，很多人来向他学习种植小麦的经验。但是这位农民不是一位乐于和别人分享成果的人，他害怕自己的小麦良种被别人偷走，因此他想方设法保住自己的秘密，同时拒绝邻居和他兑换自己独有的优良小麦的种子。

第一年、第二年，他一个人独自享受着小麦丰收的喜悦。然而好景不长，第三年，他发现自己的良种变得和周围普通的麦子一样了，到了第四年，他的麦子产量连普通麦子的产量都达不到了，不仅产量锐减，而且病虫害还不断增加。

农民赶紧带着自己所谓的优良小麦种子去了城里的农科院找专家求助。专家看完种子再听完他的叙述，告诉他，之所以"良种不良"是因为在他周围的小麦都是普通的品种，在不断的生长过程中，小麦会通过花粉进行相互传播，这样一来，良种就发生了变异，品质自然一年不如一年了。

这个故事发人深思。在工作中，一些人会犯这样的错误：因为害怕别人分享自己独有的成果而时时提防、处处保守，以至于他们身边没有朋友，而且，更严重的是，这些人因为过于自私和狭隘，使自己陷入一种孤立无援的地步，最后的下场只能是眼睁睁地看着自己的优势丧失，被社会所淘汰。

所以，人一定要懂得"分享"的智慧，在生活和工作中一定要拥有"分享"的胸襟和大度的胸怀，无论是自己的成果还是经验都要乐于和别人分享，只有懂得分享、乐于分享，才能让自己得到别人的尊重和认可，也才能和别人在互相交流中取长补短，增长自己的见识，从而更有助自己的发展。

北京孩子小时候住在胡同大杂院中，那时左邻右舍会一起分享生活中点滴的美好和痛苦，有些老人到现在都对那时很多生活的细节念念不忘，那些细节回忆起来依然是那么温馨。那个时候，有的人家里做了好吃的，院子中其他人家就会收到好吃的东西：有些人家自己做的肉包子、有些人家老家送来的土特产、有些人家里遇到喜事时发的喜糖、鸡蛋之类的东西……全院人家都会分享。这些东西不值几个钱，但

是因为有人愿意分享，所以，生活才显得更加快乐，邻里之间的感情也更加深厚。

记得我考上大学那会儿，刚接到通知书，老妈就急着赶紧把这一好消息分享了出去，不一会儿，家里就变得热闹了起来：邻居的张奶奶来了，笑呵呵地恭喜我，还带来一包我最爱吃的糖；王婶婶一边抱着孙子一边也过来聊天；还有许多人凑到了我们家。我在那个时候无比的高兴和自豪，我发现，原来自己的一点成就和别人分享了之后竟然会如此开心。

然而，在现实生活中，经常会听到有些人这样抱怨："为什么现在社会中人与人的关系这么冷漠？"其实，假如我们只是在生活中抱怨，而不懂得付出爱心，不懂得分享，那么，我们就会永远缺乏人情味，当然也体会不到生活中分享的乐趣。

很多时候，当你和他人分享忧愁和痛苦的时候，其实也是在分享他人的爱心，因为他人或许会在劝慰之中理解你、关爱你，给你输送温暖，鼓励你重新振作……这样一来，你会减轻痛苦，重获心灵的快乐，而这就是一种幸福的感觉。

或者有人会问："什么样的分享最有意义？"对于这个问题，仁者见仁，智者见智。杜甫的名诗《客至》中有这么一句："肯与邻翁相对饮，隔篱呼取尽余杯。"这句诗很好地阐释了"分享"这一主题：诗人独自在家中感到孤独，但在此时，与邻居饮酒聊天之后，诗人不再觉得孤独，而是觉得非常高兴，因为他的感受有人和他一起分享。所以，人需理解，在理解前需要懂得真心实意地分享。

分享是一种博大的胸怀，也是一种快乐的生活方式，分享能让人们的心境变得高远，心情变得快乐，分享之后，人们会发现生活中多出了很多色彩，自己的世界也变得"山清水秀"，何乐而不为呢？

"独乐乐不如众乐乐"，让我们都成为在生活中会分享的人吧。

人生得一知己足矣

世上之物于我们来说最重要的是什么？有人说，是财富，是珠宝，是功名，是地位……不，这些虽然是人之所需，对人也非常有吸引力，但都是"身外之物"。而人生有一知己，这种朋友间真挚的情意才是一个人一生中最难得的财富。

人生活在社会中，不能缺朋友，或多或少、或远或近、或同性或异性，人都需要有一个"朋友圈"。或许你记不起来你的第一个朋友是谁，也记不清楚现有知己彼此是如何成为知己的，但是没有关系，只要你和朋友都维护并珍惜着这份友情，就已经足够。

"千金难买是朋友，朋友多了路好走。"一个人倘若能够有幸和志同道合的人相遇并携手，真的是一种"缘分"。人生路上，我们都是匆匆过客，我们与每一个人相遇都是

"缘分"，有的人我们甚至连面容都没有看清楚就与他们擦肩而过了；有的人在我们相遇时会相视一笑，彼此留下一个美好的背影；有的人却能读懂彼此的需要，并肩携手前行，互相鼓励，互相帮助，成为人生路上最亲密的"战友"，共享人生路上的喜怒哀乐，毫无疑问，这种人就是我们的知己。人生路上，若有知己与我们同行，我们在人生路上就不会"寂寞"。

常言道："人生得一知己足矣。"知己，一般来说就是那个真正知道并了解自己的朋友。历史上关于知己的故事从"高山流水遇知音"起就已经开始伴随着绵延不息的中华文化流传了，古往今来，世间没有停止过上演关于知己的各种各样的故事。

鲁迅作为中国文坛的领袖人物，在中国文学史上的地位不容忽视，作为一名真正意义上的知识分子，鲁迅的朋友不是很多，所以知己对他来说，显得尤为重要。他认为在他的朋友中，知己近乎"唯一"的这个人就是同样是文学巨匠的瞿秋白。

有一副对联是两个人友情最好的体现："人生得一知己足矣，斯世当以同怀视之！"这是鲁迅写给瞿秋白的经典对联，也留给后人一段关于他们的友谊的佳话。

1932 年夏天，鲁迅在上海与瞿秋白相识。1934 年初，瞿秋白远赴江西苏区，两人真正交往的时间仅有一年半，如此短的时间，他们两个人是如何从不相识变成"知己"的呢？

文学修养精深的瞿秋白通晓俄语，鲁迅则熟读苏俄文学，鲁迅热切期盼能把很多优秀的苏俄文学作品翻译成中文介绍给中国读者，所以鲁迅经过多方辗转寻找优秀的苏俄原著，然后通过他人托付瞿秋白翻译，而瞿秋白以自己出色的外文功底将之译成中文。那时，他们两人并没有见过面，但是虽未谋面却在无形之中通过文字的牵连开始了彼此的友谊。

后来两人见面后结为挚友，他们心灵相通，常常共同探讨关于文学的话题，瞿秋白有十余篇非常重要的文章曾经都以鲁迅的笔名发表，这不是一般友谊能够做到的。后来的一年中，瞿秋白曾经三度被特务追捕，在他遇难之时，鲁迅家里成为他首选的避难场所。

在文学这一天地里面，瞿秋白是第一个准确评价鲁迅杂文的人，1933 年 4 月，经过他呕心沥血的耕耘，《鲁迅杂感选集》终于编制完毕，瞿秋白又挑灯奋战 4 个昼夜，为这部选集写了长达 17 万字的《序言》，其见解之精辟，鲁迅在阅读时，在感激佩服之中写下了"人生得一知己足矣，斯世当以同怀视之！"的对联赠与瞿秋白。

知己是一种相契，知己是彼此心灵上的一种感应，知己也是一种心照不宣的感悟。知己最能体会对方的心声，能给予对方最惬意、最畅快、最美好的意境！

俗话说：千金难买，知音难觅。能够互相完全袒露心扉的朋友才称得上知己，于千千万万人之中遇到那个可以深交、可以谈心的知己不容易，所以，如果遇上，我们一定要珍惜。

好处不要自己占尽

一个人做事时千万不要做"绝"，也不要好处占尽。俗话说："与人方便，自己方便。"尤其是当一个人有好处时，一定要分人一杯羹，因为在这个世界上，人不是独立生存的。

清朝著名的"红顶商人"胡雪岩，一生纵横官场与商场，生意上他有一个很重要的原则，便是"利益均沾，资源共享"，这也成就了他一生商战"不朽"的传奇。

胡雪岩对于金钱的看法有其独到的见解，其中很重要的一点便是能与他人分一杯羹，做到好处共享。

有一次，胡雪岩打听到一个消息，说外面运进了一批先进、精良的军火。那时，由于英国用鸦片和大炮敲开了中国的大门，鸦片和军火成为最赚钱的两种商品。胡雪岩是一个聪明人，知道军火是一笔大有赚头的生意，于是他便对消息进行了进一步的确定。然后他找到外商，以他老道的经商经验和高明的谈判"手腕"很快便把这批军火生意谈妥了。

正在此时，胡雪岩正得意，却听到商界有朋友指责他做生意不仁道。胡雪岩细一打听才知道，原来在胡雪岩之前，外商已准备把这批军火卖给另一位军火界的同行，但胡雪岩来了，并以较高的价格与外商谈判，外商便把军火卖给了胡雪岩，使那位同行丧失了赚钱的好机会。

胡雪岩听说这事后，对自己的贸然行事感到非常惭愧。他随即找到了那位同行，商量如何处理这事。那位同行知道胡雪岩在军火界的影响，怕胡雪岩在以后的生意中与自己为难，所以没有提条件，只推说这笔生意既然胡老板做了，这回就算了，只希望以后"留碗饭"给他们吃。

事情似乎就可以这么轻易地解决了，但胡雪岩却没有就此揭过，他主动要求那位同行说出了当时与外商谈定的价格。胡雪岩用自己买进的价格减去那位同行商定的价格并算出其中的利润，以此兑换成现金补贴给了那位同行，让那位同行得了一个中间的差价，而且不需出钱，也不用担任何风险。对此，那位同行甚为佩服胡雪岩的商业道德。

如此一来，胡雪岩一举三得，既做成了这笔好买卖，也没有得罪那位同行，还博得了那位同行的好感，在同行中声誉更高了。

胡雪岩与其说是个精明的生意人，不如说是洞察人生智慧的智者。因为他深深明白，天下的好处自己不能占尽，干什么事情都不能"吃干抹净"，一定要为对方着想，尤其有好处时，要分给对方一杯羹，这样才不会结下仇怨，失势时别人才不会对自己落井下石。胡雪岩这种为人处世的"心机"使他在商界的地位日益得到巩固，成为他在商界纵横驰骋的"法宝"。胡雪岩说过这样一句话："天下的饭，一个人是吃不完的，只有联络同行，要他们跟着自己走，才能行得通。"这句话虽然平淡无奇，却透着胡雪岩对商场运作规律的深刻理解。

所以，明智的人都懂得，无论是在商场上还是在为人处世上，要想做出大成就，不仅要有天时、地利，还必须要有人和。而要做到人和，首先要有宽广的胸怀和长远的眼光，不能因为眼前的区区小利所诱就把好处占尽，要懂得与人分享，大公无私一些，这样才会有更多的朋友，前途发展也才会越来越好。

你给予得越多，获得的就越多

人世间因为有了爱，才有了浓浓的情意，没有了爱，也就不会有幸福和快乐。人与人之间也是因为互相付出了爱，才会有彼此的靠近与温暖。但爱并不是通过索取得到，也不是通过施舍得到，而是要通过给予而得到，也就是说，你首先必须不吝惜付出自己的爱心，别人才可能接受你、喜欢你、爱你。

所以，我们如果想要收获更多的快乐，就应该首先抱着奉献和给予的态度立身处世，而不是苛责和抱怨生活给予你的太少，别人为你做得还不够。如果你无私地、全心全意地帮助别人，你身边一定会有很多热心的朋友。倘若你将此作为与人交往的原则，并在一生中都加以遵循，那么，你一定能获得幸福，并且令所有你身边的人都觉得你是一个可亲可近的仁慈善良之人。

"播种"爱心就像播种一样，你给予得越多，获得的就越多。当你与他人分享自己的喜怒哀乐时，你会发现生活是那样的美好；当你热心地为他人提供帮助的时候，你会觉得内心是那么的快乐，因为你并没有损失什么，你只是以你的爱心和善良做了该做的事，而接受了你的爱心和帮助的那个人，因为接受了你的"礼物"，本身得到了帮助，更重要的是，会让你体会到帮助别人的美好感受——这是一种内心强大的愉悦感，因为他人允许你将爱的"礼物"给予他。

事实上，你分享的爱越多，给予他人的帮助越多，你就会拥有更多的充实感，你就不会成为一个吝啬的人、孤僻的人，你会拥有越来越多的朋友。一个人给予世界、给予别人的爱越多，就会有越多的活力和快乐从他心灵深处流淌出来。

在我们身边，如果仔细观察，我们会发现有慷慨施予的人，有不受人喜欢的人；有刻薄、自私、吝啬的人，也有很有"人缘"的人。而受人喜欢和有"人缘"的人一定是慷慨给予、有爱心的人。这些肯帮助别人、慷慨奉献、无私奉献的人，在让自己和别人都得到快乐的心情时，也会因此而获益无穷、受益匪浅。

下面这个场景常发生：

某天你和朋友去打球。你打了一段时间后，来了另外一个人。这人没有办法加入任何一方，因为无论怎样都将多出一个人。"嗨，"你对他说，"你替我打一会儿吧，我想歇一下。"

你躺在草地上，而新上场的那人投入了运动中。那人自然很清楚你退出是为了让他参加。你们也许会从此由不相识到相识，再到相熟，甚至成为好朋友，而这仅仅源于你的一次"谦让"。

人如果都以这样的方式和别人交往，别人怎么会不喜欢你呢？因为，像这样善良大方的人一定能得到更多的人的尊重和喜爱。

让我们看看下面这位成功的商人是怎样做的：

这位商人把自己买下来的写字楼的一些房间出租给客户，在对待他的房客时，他非常得细心——一般房东在节日即将来临时会送一些礼物给他们的房客，表示一点"意思"，但这位商人却有一种与众不同的做法。他认为每一位房客都有不同的身份、不同的生长环境、不同的背景，大家既然有缘在一起合作，就要珍惜这份情意，所以，他总会精心地为他们送上一些极不寻常的礼物，而这些礼物总是能传达出他温暖的爱心，让每个人都感受到贴心的关怀——因为这是他为他的房客量身定制的。

有人曾对此大为不解，问这位商人："你认为这样为每个房客精心准备一份不同的礼物有必要吗？咱们这样的城市人员流动性很强，倘若他们来年不租你的房子了，岂不是得不偿失？再说，他们又不是你的朋友。"但这位商人说："从某种意义上说，他们就是我的朋友。他们只要租了我的房子，一般情况下就不会退租，虽然我出租的写字楼租金要比别人高一些，却一直供不应求，这一切都是因为我们大家都是朋友的缘故，所以我们能够合作得长久、愉快。"

还有人知道此事后冷嘲热讽地说："喔！你真是一位有钱的富翁啊，你当然能负担得起这份慷慨。"然而，这位商人的"慷慨"，其实并不是因为他有钱而不在乎，而是因为他肯于不吝惜自己的爱心所以才去主动付出。

人际关系每个人都要面对，能否给你带来利益，首先需要你不吝惜自己的爱心，需要你将爱心精心"播种"与培

育，就像农人在田里播种一样，播种越早，收获越早；撒下的种子越多，收获的也越多。

之所以这样说，是出于以下几种原因：

（1）要长成一棵参天大树，必须先有种子，所以，人"播种"爱心是"长出一棵大树"的首要条件。虽然有些种子会腐烂，会不发芽，但不播种，绝不会有大树长出来！

爱心是改善人际关系的首要条件，虽然奉献爱心有时不一定会有好的回应，但没有爱心，良好的人际关系就无从建立。比如，两个人在生活中想要建立良好的关系，总得有人先主动不吝惜于付出爱心，当然对方也要做出积极的回应，这样关系才会持续下去！若一方奉献爱心，一方冷淡以对，友情就不会发芽，更不会发展。

（2）爱心的奉献不需要立刻回报，就像有些种子会在节气到时发芽，比如在有些干燥的地方，种子可以在地下深埋数十年，突然雨水来，就迅速发芽。

人际关系也是如此，你的爱心有时会很快从对方那里得到回馈，有时却不一定立马得到回馈。至于什么时候才能得到"回馈"，你不必花心思去期待，只要你播下了种子，"机缘"一到，它自然会发出芽来！而这发芽的时间，有可能间隔短，有可能间隔长，即使有些种子很长时间都没发出芽来，但也是有希望的！

爱的种子发芽后，要小心勤快地"灌溉"、"除草"、"施肥"，它才会长成大树，开花结果。不可"拔苗助长"，急于收获果实。人播的爱的种子越多，发的芽必将更多，经过一段时间后，会大片成林。这好比在人际关系中，你平时主动帮助朋友得多，纵然有一些"不发芽"的朋友，但长时间累积下来，"发芽"的朋友会更多，那时朋友的友情就是你的"树林"，而你也必然能享受到甜美的果实！

所以，为了自己的生活充满欢乐，事业也能发展得越来越顺利，请不要吝惜自己的付出，要努力播种自己的爱心。只要你精心"播种"，把爱心播得越来越健康，你就会拥有自己的大片"树林"，收获温暖的阳光和新鲜的空气。

用心过好每一天

每个人都幻想着自己的生活衣食无忧，住着自己喜欢的房子，开着自己心爱的车子，陪着自己的爱人和孩子，一起在人生的路上越走越远。但是生活不是拍电影，也不是写小说，没有那么多"如果"，也没有那么多"也许"，我们要做的就是过好自己现有的生活，无论自己现在拥有的生活是怎样的，都要去用心过好每一天。

生活就像是一个五味瓶，拥有了酸甜苦辣咸才是正常的人生，缺少了其中一样等到我们老去时都会感到遗憾，因此，不要只想要甜的美好，有的时候其他的味道反而更能让我们回味生活、体会人生。

每个人的生活都不可能是完美无缺的，因为人生会有许多的不完美，所以人才会有奋进的动力，去把不完美尽可能变成完美。

很多人经常抱怨自己为什么没有别人那么富足幸福的生活，很多人总是埋怨自己为什么没有别人那么多的自由和金钱。其实，每个人都有自己的生活，也许你不知道其实有很多人在暗暗地羡慕着你，也许你在看到他人光鲜亮丽的时候，他背后的生活是怎样的你并不清楚，所以，不管你是生在富贵人家还是普通百姓家，无论你是高贵显赫还是"无名小卒"，都要珍惜自己的生活，接受自己的生活，假如你真的不满意，那么，就想办法去努力改变，而不是羡慕他人或是抱怨生活。

不完美的生活经过自己的努力一样可以变成你想要的完美生活，当然这其中需要付出的艰辛是很多的。任何人想过上舒心、自在的生活，凭等、靠是实现不了的，所以努力地完美生活比沉浸于希冀完美的生活更有意义，也相对更有价值，因为有了对比才会看出差距，因为有了苦人才懂得更加珍惜甜。

在人生中，快乐会带给人们愉悦，痛苦则能带给人们奋发的动力。人的一生中，真正的快乐，都是努力得来的，虽然痛苦难以让人忘记，却可以不消沉面对，要学会接受它，然后摆脱它。幸福的生活是靠劳动得来的，这是真理，是被实践证明了的。

时间会告别过去，努力才能得到一切。生活恬淡、心境平和是一种极有价值的朴素美，如果在这种美上再加上努力，就会使自己锦上添花。因此，学会接受、学会忍受、学会享受、学会宽容、学会慈爱、学会珍惜，这样你的人生会更加出彩。

调好生活的五味瓶

生活之中难免有喜怒哀乐、悲欢离合，每个人的生活其实就像是一个五味瓶，正是因为有了酸甜苦辣咸，生活才变得有滋有味，人生才更加多姿多彩。单调的生活不是完整的生活，丰富变化的生活才更值得每一个人去好好珍惜。

刘翔，这个名字相信每一个人都不陌生，他的生活可谓五味俱全：有过奋斗，有过荣誉，有过心酸，有过对告别体坛的不舍……

每一个体育人都是伴随着许多酸涩的回忆成长起来的。其实一般的父母都不会舍得让自己的孩子在体育队里训练，因为训练是一件非常艰苦的事情。刘翔在 16 岁的时候曾经业余练过两年的跳高，当时，家里人一致的意见是：业余时间练可以，但是绝对不可以成为专业的运动员。

1998 年的一个夏天，中国跨栏知名教练孙海平偶然发现了当时还默默无闻的刘翔。孙海平认为刘翔在同龄的孩子中个子比较高，节奏感非常好，这对于跨栏是非常好的先天优势，所以他很想留下这个孩子。当时孙教练正忙着带队员参加锦标赛，所以想等比赛结束后，再回来收下这个有天赋的弟子。

然而等孙教练回来之后却发现刘翔已经走了，问了一下俱乐部的同事他才知道刘翔家人怕孩子因为训练影响学习，怕体育影响孩子的前途，所以把孩子带走了。孙海平为了得到这个弟子，和刘翔的家人再三商议，最终刘爸爸同意刘翔跟着孙海平练习。

刘翔训练时相当认真，当然训练也非常辛苦，一个不到 20 岁的年轻人选择了体育之路就意味着每天面对的是数不尽的训练再训练。搞体育的人更多的时候是苦中作乐，特别是对于跨栏这样的田径项目，苦练自然不可缺少。

为了自己喜欢的运动事业，刘翔牺牲了和家人团聚的幸福，牺牲了和朋友的玩乐，最让他感到遗憾的事情是没能见到奶奶最后一面。刘翔是奶奶一手照顾大的，所以他从小就是奶奶的"心头肉"。在奶奶病危住院的时候，刘翔正在奋力拼搏全运会，在赛场上的他没能赶回来见亲爱的奶奶最后一面，这也成为他一生无法弥补的遗憾。

刘翔最后在全运会上拿到了冠军，之后又在亚运会上一举夺冠。从那以后，刘翔更是捷报不断，他用自己的行动刷新了世界纪录，战胜了美国名将阿兰·约翰逊，从此"亚洲飞人"开始了自己的"起飞之路"。

作为一个名人，刘翔和我们一样有着自己的酸甜苦辣咸。后来他因身体缘故，虽然恋恋不舍，但最终告别了体坛。

是啊，既然生活原本就是五味瓶，那么，我们就要学会接受生活所赐予我们的一切，不管生活是什么滋味，我们都要去品尝，与其皱着眉头接受，还不如微笑着面对。有人说："人生所有的味道都是必经过程。"是的，我们要的就是从这些过程中读懂人生这本书。

当然，生活的五味瓶中可能有些滋味不是我们喜欢的或者乐意接受的，但却是我们必须品尝的，因为不亲自品尝怎么能知道其中滋味，犹如不尝苦怎知甜的美好？不尝酸辣又怎知道酸辣有时候也是一种美味？单一的"美满"并非完整的人生，酸甜苦辣咸组成的人生才是值得我们珍惜的。

每个人对人生的酸甜苦辣咸可能都有自己独到的见解，但不是每个人都能用恰当的词语来形容。有些时候生活就是这样，你对它了解越深，就越难用自己的方式为它下一个定义，其实，生活本来就没有什么准确的定义，我们只能用自己的心去领悟其中的含义。

人生成功与否，重要的就是看你如何使用酸甜苦辣咸这五种味道去搭配、调剂人生。假如搭配合理的话，那么，你的人生将会是多姿多彩的，你可以幸福美满地过着自己想要的生活，当然，五味的调配比例也在你自己的掌握之中。但假如搭配得不是那么合理的话，也许生活就不是你想要的那种"美好"，但也许是另外一种生活呢？

如何才能调配好生活中的五味瓶呢？当你在生活感觉到苦闷的时候，请换种心情，多想想生活中的快乐，这样，你就不会因为生活的无奈而厌倦；当你沉浸在生活的甘露里的时候，请不要忘了过去自己曾拥有过的那份苦涩，因为正是曾经的苦涩，所以你才更珍惜眼前的甘甜；当生活处于酸涩的时候，请多想想如何才能让这种酸涩变为你生活中的动力，让酸涩转化为甜蜜。

在生活中，每个人都有自己的五味瓶，所以，不要叹息、悲伤、消沉，振奋起来，怀着乐于品尝的心态去对待吧！这样，你的人生五味会成为你一生最美的回忆，等到老去的那一天，你会看到它们涌现在你的眼前，你微笑着对自己的子孙讲述那些回忆，那将会是何等美好的事情啊！

不完美中寻完美

有人把金钱看成人生的全部，于是认为不完美就是金钱不够多。实际上，除了金钱还有其他更值得我们守护的东西，比如亲情，比如友谊。或许你没有充足的金钱，但是你可以拥有亲人的关心、朋友的友谊，这个时候的"不完美"之中的"完美"就是亲人的那份爱、朋友的那份情。

有人把事业看成人生的全部，于是认为不完美就是事业不成功。但是不要忘记，除了事业还有更多值得我们珍惜的东西，比如健康。你现在或许没有红火的事业，但是你可以拥有健健康康的身体，此时的不完美之中的完美就是身体的健康。

还有人把爱情看成是人生的全部，于是认为不完美就是自己爱的人选择了别人，而别人的爱自己无论如何都不愿意接受。其实，一个人在一生之中能遇到那个自以为爱得轰轰烈烈的人的机率不是太大，我们最终牵手走完一生的一定是那个最适合自己的人。爱情也不是生命的全部，但美满的婚姻可以认作是生命中最大的幸福，所以如果你选择了一个人并与之拥有了婚姻，那么，就好好牵手走到老吧。完美的人生不是拥有感动天地的爱情，而是拥有天长地久的婚姻。

有这么一个小故事：

有一个人，单身过了半辈子，眼看马上要五十岁了，还是一直找不到与自己结婚的人，身边的朋友都以为他会一直单身下去。一天，他突然宣布要结婚了，新娘是一位和他年纪差不多的女人，姿色不错，在外人看来他像是"捡到了一个宝贝"。但是知道内情的人都不这么认为，因为那个女人以前是一位演员，曾经嫁过两个丈夫，由于种种原因，最后都离了婚，所以知道内情的人都说他最后捡了一个"剩货"。

很快，这样的话就传到了这个人耳朵里，但对于这样的传言，他没有过多的解释，只是笑着说："我年轻的时候，

最大的梦想就是买一辆自己的奔驰，但是那个时候没钱，买不起；现在呢？虽然说挣了一点钱，但还是买不起奔驰，所以我只好买了一辆三手车。"这个人开的车确实是一辆老式的奔驰，有朋友看了车后对他说："三手？不会吧？看起来不错啊，马力很足。"

这人听后大笑起来说："是啊，但旧车有什么不好？就像我现在的太太，她之前嫁过一个四川人，又嫁了一个上海人，还在演艺界待了二十多年，大大小小的场面见过不少。现在的她老了，心收了，没有以前的娇气和浮华气，而且做得一手四川菜、上海菜，平时特别会布置家，所以我感觉我是在她最完美的时候，遇到了她。"

这人又说："其实看看自己也不是完美的，千疮百孔地过了大半辈子，有过许多往事，经历过很多的荒唐，但生活就是因为经过了这些不完美，所以人才更加成熟。现在的我们都知道谦让和包容，仔细想想，这不也是一种不完美中的完美吗？"

是的，生活之中的有些不完美换一个角度来看就是一种完美。人总有一天会老去,等到那个时候,老了,"生锈"了,"千疮百孔"了,隔一阵子就要去医院看医生,用治疗来"修补"开始走下坡路的身体。那时再看当时所要求的完美,又哪里是完美呢?

春天正是因为没有果实的不完美,才有了鲜花的鲜艳夺目;夏天正是因为有了炎热的不完美,才有了火一般热情的完美;秋天因为没有绿色的不完美,才有了红叶的灿烂;冬天因为没有了成长的不完美,才有了白雪纯洁的完美;断臂的维纳斯正是因为有了残缺的手臂,才登上了艺术的最高峰,实现了不完美中的完美。

她是个孤儿,14 年来从未穿过新鞋,但是学习成绩每次都名列前茅。她坚强乐观,还特别爱笑,人们说她是山间的小天使。与她相依为命的 73 岁的奶奶,为了满足孙女想穿新鞋的唯一愿望,省吃俭用省出了 10 元钱,为孙女买了 1 双半胶鞋,紧攥着新鞋的她泪流满面。她们唯一的经济来源是每月 20 元低保和 60 元补助,省出 10 元钱对她们来说难之又难。这一故事发生在云南宁蒗县,小女孩叫邱长英。

如此的生活状况，在很多人看来应该是不完美的，但是在小女孩和奶奶眼里却是完美的。小女孩有疼爱她的奶奶，这比拥有着富足的物质生活却没有温暖的家庭完美得多。小女孩还有优异的学习成绩，虽然现在还小，但是只要自己努力学习，长大后一定会有出息的。老奶奶有她最疼爱的孙女，孙女学习成绩很好，孙女很乖也很孝顺，这一切在老人眼中就已经足够完美了，她认为她们是幸福的家庭，过着完美的生活。和她们相比，我们的生活是完美还是不完美呢？每个人应该都有自己的答案。

每个事物本身都有残缺，然而有时，正是因为这些残缺才更显其中的质朴美。世界上没有绝对完美无缺、十全十美的事物，如果认为完美，其实也只是一种虚幻的梦境而已。因为如果所有的事物都是我们想象中的那样完美，那么，这个世界上的好与坏、美与丑、幸与不幸就都失去了存在的价值，因为残缺本身也是一种美。

爱情的甜蜜是每个人都想要的完美，但不是所有的人都能品尝到爱情的甜蜜。失恋的痛苦与暗恋的苦涩是人爱情中的不完美，但也许正是这些"不完美"，催人上进，进而找到"完美"的爱情。生活中的平平安安是每个人都希望的完美，但是生活中的困苦与磨难也是会有的；工作顺利是每个人都一直追求的完美，但是工作上的问题、矛盾也是不断出现的。

圆明园是我国名园，但曾经豪华的建筑在八国联军一场大火之中变成了废墟，这在很多人看来是不完美的；但是熟悉我国文化的人，则会通过圆明园的残缺挖掘历史所缺的内容，了解我国曾经经历过的那段惨痛的历史，并从历史中借鉴经验、获得教训，这时，"废墟"带给我们的就会是另一种意义了。

有人做过这么一个调查，得出的结果是：即使在最美好的婚姻中的人，一生中也会有 200 次离婚的念头、50 次掐死对方的冲动。即使是拥有最幸福的工作的人，也会有 200 次辞职的想法、50 次"撂挑子"的纠结。人生是在跌跌撞撞中前行，这种前行会让人真正品味到生活的原味，所以，不完美有的时候并不是一件坏事。

人生正是因为有了不完美，所以人才有了更大的动力让自己在生活中去追求完美、找到完美，经历过不完美，生活才会更有意义。而生活，正是因为存在诸多的不完美，人们才能够有足够的勇气对生活说"不"，对命运说"不"，人们才会有抗争的勇气，也才会有成功的可能。同样，因为拥有了不完美的遗憾，才会有完美后的圆满。

换种思路想问题

生活因为有了不完美，所以让人们能有更多的动力去变不完美为完美。不完美的存在不可怕，可怕的是我们不愿意改变，因为不愿意改变所以那些不完美会一直存在，但只要我们愿意努力，那么，不完美就会变为完美。

这个世界上有很多人一生都不是完美的，有的人天生失明，有的人天生有心脏病，还有的人由于种种原因瘫痪了……面对这些不幸，有的人选择接受现实，平淡无奇地度过一生；有的人却选择了与命运抗争，努力把生命中的不完美变成完美。

有这样一个人，她是不幸的，因为失明，她的人生只能在黑暗中度过，然而她又是幸运的，因为她用自己的行动在黑暗之中找到了属于自己的那片"光明"。她就是

海伦·凯勒——一个从小就生活在黑暗中的人。

海伦·凯勒用自己的行动给所有的人带来了光明,她一生度过了 88 个春秋,却有 87 年是在无声的世界中度过。她通过自己的努力读完了哈佛大学德克利夫学院;她用自己的全部力量建立了很多的慈善机构,为诸多的残疾人造福;她被美国《时代周刊》评选为"20 世纪美国十大英雄偶像";那本她留给我们的《假如给我三天光明》,让多少人找到了努力的方向。

假如海伦·凯勒没有失明,没有失去听觉,也许她只是一个普通人,那样的人生在很多人看来或者是完美的,但是假如那样的话,就不会有《假如给我三天光明》这部伟大著作的问世,也不会给许多盲人带来"福音",更不会有这样一位名人鼓舞着人们前进。

有些人总是以为,已经得到的东西便是属于自己的,一旦失去,就觉得蒙受了巨大的损失。其实仔细想想,一切皆变,在这个世界上没有一样东西能被真正拥有,人最终两手空空地离开这个世界。所以,人在一生中,如何对待

"得而复失，失而复得"的往复，态度很重要，学会如何对待不完美很重要。

在 2005 年的春晚上，我们看到了一场华丽的舞蹈盛宴，这个舞蹈叫《千手观音》，其中的领舞者——邰丽华让我们感动，让我们震撼。小时候的邰丽华是不幸的，由于一场重病她变成了聋哑人，在很多人看来她的人生会是不完美的。但她不甘就这样沉沦下去，她坚持自己的梦想，坚持自己的舞蹈。春节晚会上，《千手观音》的演出让全国观众记住了她的名字，她长期的付出终于让自己攀登到了艺术的巅峰，她用自己残缺的身体书写下美丽动人的艺术人生。

或许不是每个人都能接受自我生活中的不完美，或许不是每个人都能看到不完美之中蕴藏着完美，所以，我们要多多学习如何面对生活，如何面对生活中的完美与不完美，用辩证的眼光看问题，多发现生活中的美，少抱怨，多感恩；少烦恼，多快乐；少埋怨，多主动，在完美与不完美之间找到属于自己的一个平衡点。

换种思路看问题，你会发现生活中诸多的不完美是可以改变的。所以，假如你还在为自己拥有的生活感到不满意的话，你需要用自己的努力把这些不完美变成你想要的完美，这才是人生的一种大智慧。

人生如茶须细品

人生如茶，是苦是甜别人闻起来并不能说清楚，只有自己细细品味才知其中的滋味。

生活中人们最常见的七件事情，被总结为："柴米油盐酱醋茶"，可见茶在中国文化中的地位。有人把中国古代名人用十大圣人来概括，其中"茶圣"陆羽占其一席，可见，陆羽的茶文化深得后人推崇。陆羽所著《茶经》博大精深，一直以来被后人赞颂不已。茶不仅是人们生活中的饮品，也是人们精神层次的需要。茶代表的是一种文化，喝茶不重喝重品，在品的时候方能悟到生活的真谛，让人"悬浮"的心沉静下来，同时好好地反思自己。

四大古典名著之一《红楼梦》中，有一个黛玉、宝玉等一群人细细讨论茶的故事。刘姥姥进大观园后，平时在家大口吃饭大碗喝茶的她自然不会知道茶是需要品的，但到了园子里，听得公子小姐最后得出的结论却是："茶是一盅为品，一杯为喝，若是一碗就为饮了，那样就和牲口差不多了。"看似玩笑的一句话其实道出了品茶的真谛：品茶如品人生，人生百味须细品，不细品的话，茶喝再多也只是一种解渴的水而已。

喝茶如此，人生又何尝不是如此呢？一个人假如似"喝茶不品"一样地过一生，那么他的人生就是"混沌"的，他就是人生中的"过客"。一个人，从呱呱落地的幼稚单纯到青春年少的羞涩朝气再到识尽百态人生的云淡风轻，每个过程都需要细细品味，假如任时光流逝，任年华飞走，浑浑噩噩过一生的话，最后他就只能对着空镜叹息了。

人生如茶，苦而甘甜。茶入口之时有人或许会觉得有点苦，但是静下心品味之后就会觉得甘甜入口。品茶的过程和人生的旅程其实是同一个道理，人在开始走进社会的时候总会遇到这样那样的困难，这种"人生之苦"会让人害怕、悲伤，但是假如这个时候人能挺一挺，不怕苦，也许就会品尝到生活的甜味。但是假如一个人在"漂泊"了大半生，历尽了无数的坎坷之后最终还不知道何处为岸的话，那么，这个人的人生滋味也是苦涩的。

茶中龙井，细品方知其味，但并不是每个人都能品得出其中的味道的，龙井之味需要找到那个懂得品它的人；茶中毛峰，朴实无华却依旧不缺滋味；茶中苦丁，品尝之后方能了解其中的味道。

不管你喜欢何种味道的茶，只要你自己愿意花时间去品其中的滋味就可以了。人生如茶，不管何味总要细品才行，不然时过境迁之后就恍如隔世了。品茶有时候像回忆一样，在品味之时可以知道得失，在不知不觉中会觉得自己在不断地长大，有一天你品尝出了茶中的味道，自然也就知道了自己的位置，不管那个时候你品的是"哪种茶"，只要你愿意都可以品出其中的滋味。

清淡是最佳意境。茶没有鲜花般娇艳迷人，也没有美酒惑人心神，亦不如咖啡般醇香可口，茶就是茶，淡然而悠长。其实人生不过几十年，有些人一生追名逐利，但是到头来还是一场空，总是浮云总是梦，不知道辛苦为谁忙，等到有一天容颜已老才发现，其实生活平平淡淡才是最大的幸福，可是到那个时候已经太晚了。古人留给我们这么一句话："宠辱不惊，看庭前花开花落；去留无意，望天上云卷云舒。"也许这就是人生似品茶的最高意境。

汪国真说过这么一句话："你要活得随意些，你就只能活得平凡些；你要活得辉煌些，你就只能活得痛苦些；你要活得长久些，你就只能活得简单些。"品茶在很多人的眼中就像是在品人生。那么，真正会品茶的人是怎么做的呢？

一个人如果想要喝茶，那么首先就要学会沏茶。而沏茶首先要选择茶叶，同时还要会辨形、辨色。这个过程如同我们每个人的一生，我们会面对很多的选择：痛苦的，催人以奋进；艰难的，教人以沉着；甜蜜的，给人以幸福。人的一生会遇到许许多多的人，然而只有少数几个可以成为自己的知己、良友，人若交错了朋友，走错了路，就会烦恼、痛苦。

品茶时，选好了茶叶，就要开始沏茶了。把茶叶放进杯里，倒进沸水，茶叶在水里翻腾。这个过程就似人生，好比是刚进入到一个新的群体，要有磨合、融入的过程。人的一生不可能总处于同一生活环境，总要遇到许多陌生的人、新鲜的事，所以，人有必要学会适应新的环境，学会勇敢地面对困难。人生问题不是一个简单的问题，而是一门深奥的学问，逃避现实是不可能的，因为幻想中的世外桃源几乎不存在。

品茶时，等茶水慢慢变深了颜色，茶叶慢慢舒展开来，茶叶融入了水，就好比在人生中我们每个人必须融入社会。一个人不可能孤立地存活，我们总与集体有着千丝万缕的关系。一个脱离了集体的人不可能取得大的成就，个人的光芒只有在集体之中才能散发得深远。正如没有草地的衬托，花朵就无美丽可言，一点微弱的光在黑暗中不能照亮一片很大的地方；一滴水的力量也很渺小，只有汇集成河流，力量才是无穷的。所以，把小我融入到社会的大我中去，那么，力量将会不可小觑。

茶不可久泡，否则会变苦。这好比在人生中，人活着，就要有自己的思维和见解，要做生活的"主宰"，而不是为

生活所"主宰"。人生活在集体里，容易产生惰性心理，迷失生活目标，因此，要谨防这一点。

茶泡好了，就该品尝了，这是最重要的步骤，茶泡得再好，不懂品尝，也只是浪费了茶叶和水。这如同人在生活中，需要品味生活，不能总是斤斤计较于生活中的琐事，要把心胸放开，让生活变得丰富多彩。人要怀有一颗感恩的心，细细品味生活中的每一件事，让平凡之后的乐趣迸发出来。

生活本身充满了阳光与快乐。快乐于人都是一样的。品一杯茶，喝出甘甜的味道，平凡、痛苦和快乐的生活，亦需细品。

人生的道理在经历之中慢慢体会。有人比喻，茶如人生，人生如茶。是的，细细品味生活，方显其味。

平淡是来自心灵深处的享受

"结庐在人境，而无车马喧。问君何能尔，心远地自偏。采菊东篱下，悠然见南山。山气日夕佳，飞鸟相与还。此中有真意，欲辨已忘言。"

好一首《归园田居》，好一个视功名为粪土的陶渊明，好一派平淡的生活真谛。

平淡的生活有人喜欢，轰轰烈烈的生活也有人喜欢，人平凡地过一生很正常，因为惊天动地之举没有几个人能做到。生活中有大风大浪，有惊天动地，有花红柳绿，但更重要的是人要耐得住平淡，忍得住普通，懂得独处，懂得思考，这样方能体会到生活的真谛！

有人钟爱平淡，因为那是一种享受。品一杯香茗，翻几页书，每有会意，便欣然忘食，可见，平淡是一种享受。

李清照的"东篱把酒黄昏后，有暗香盈袖"，是一种静美的平淡，她有"帘卷西风，人比黄花瘦"的淡淡叹息，她有着令人羡慕的前半生和美生活，待到晚年时，她过着平淡的生活，忍耐着寂寞惆怅。

平淡，是一种理想。桃花源是陶渊明平淡的理想的最高境界。在那里，人们老有所养，幼有所乐，尽享互助和美的天伦之乐。

平淡，是一种享受。刘禹锡"巴山楚水凄凉地，二十三年弃置身。"没有功名，没有机遇的垂青，他始终在平淡的"沉舟侧畔千帆过，病树前头万木春"中悟出生活的真意。

平淡，是一种潇洒。吴钧在《与朱元思书》中，于富春江平息热衷功名利禄之心，放弃经纶事务之任，快乐和喜悦溢于言表。

平淡，是一种境界。欧阳修虽遭贬谪，却与滁民同乐，他没有悲叹，没有灰心丧气，而是享受平淡的快乐，所以发出"醉翁之意不在酒，在乎山水之间也"的内心感叹。

人在平淡中，可以读古人之心；在平淡中，可以观自然之美；在平淡中，可以明事理晓为人；在平淡中，可以感动彻悟；在平淡中，可以兼济天下；在平淡中，可以放弃许多，拥有许多。

在中国台湾一所大学的一次新生接待会上，校长在会上问了学生这样一个问题：

"同学们，你们快乐吗？"

"快乐！"下面的同学立即欢呼起来。

校长又说："好，好，我的话到此结束。"

同学们惊讶了，怎么校长给我们讲一句话就完了呢？后来，大家恍然大悟，顿时掌声大作。

原来这位颇为风趣的校长很了解年轻学生的心理。他认为，人的根本目的是追求快乐，而如果大家都很快乐，自己也就不必再扫大家之兴了。由此可以看出，这位校长的做法是很高明的。

这位校长的话让我们认识到，在平凡的快乐中，有时候也蕴含着一些大道理，或者可以说"一切事物都是因为平凡而幸福的"。

中国伟大的儒学思想家荀子在他阐述的思想理论里也有类似的观点，大意是：没有大烦恼与灾祸的日子，就是天大的幸福。古希腊的大哲人伊壁鸠鲁也说过："幸福，就是身体的无痛苦和灵魂的无纷扰。"看，两大哲人都鲜明地揭示出平凡蕴含着快乐。

很多人在生活中都会有一个明确的目标，都想过出人头地的日子，这是一种相当积极的心态，是对平凡生活的肯定。人唯有对平凡生活肯定，才会更加发奋向上。相反，如果人对平凡生活的状况一直抱着不满的态度，那么，出人头地的想法会给人带来负面的影响，快乐也将成为一种"枷锁"。

一个人如果无法正确对待人生，那么，他的一生就会变得毫无意义。日本的大作家芥川龙之介说："希望自己的人生过得幸福快乐，必须从日常的琐事做起。"

人生其实就是由一大堆琐事堆积起来的，然而也因为是琐事，所以很多人不太会去在意它们，以至于记不得它们。所以，关注琐事，把它们都做好，这必须有相当大的努力与能力才能做到，不然，琐事会影响人们的情绪，牵绊人们的快乐。

在我们每一天的生活里，大部分时间都是在平淡中度过的。比如，平淡地上班、下班，平淡地生产、劳作……正是这一个又一个平淡，创造了社会价值，体现了人生价值，"连接"出了幸福和甜蜜，"连接"出了收获的喜悦。实际上，许多时候，生活原本就是平淡如水的，你多加一点儿糖，它就甜；你多放一点儿盐，它就咸，这关键看我们以怎样的心境去调配它。

朋友之交，以平淡为好。庄子曰："君子之交淡若水。"唐代诗人骆宾王也有诗赞美平淡之交："唯将淡若水，长揖古人风。"所以，朋友的交往，不图名、不图利，志同道合，真诚相待，看似平淡，却相处得长久。

夫妻相处，平淡也是一门艺术。结婚后，少了花前月下的呢喃和浪漫，多了平淡而具体的油盐柴米酱醋茶，看起来简单琐碎，然而别忘了，"平平淡淡才是真"啊！在平平淡淡中，夫妻相亲相爱，携手相牵，白头偕老。

平淡是一种胸怀。人不能有太多的欲望，不切实际的欲望会把人"累死"。该放弃的，要学会放弃。因为，人生的幸福不是因为你拥有得多，而是由于你计较得少。人想幸福，须经努力。所以人甘于平淡，乐于平淡，少一些浮躁和欲望，多几分淡泊和宁静，是一种胸襟宽广的表现。

常常会听见有人说：红尘喧嚣，俗世纷扰。想找一个安静的地方，看山听风，而过简单宁静的生活很难。其实，没有这个必要，平淡来自于内心。真正懂得平淡的人是那些不受外界环境左右的人，是那些生活在浮华中归于平静的人。古语说：小隐隐于野，中隐隐于市，大隐隐于朝。真正归于平淡的人，他们在平淡无味的生活中坚持着自己的信念，坚守着自己的底线；他们懂得平淡无级，平淡无品，平淡无价，在平淡中感悟人生，享受生活给予的那份快乐。

过日子像看风景和喝茶，风景的美丽和茶的优劣其实不是最重要的，最重要的是看风景的心情和喝茶的心情。"心远地自偏"，也就是说，心有桃源，无处不是水云间。所以，人心中有爱，在平淡的日子中亦能咀嚼出幸福的味道；人内心安宁，甘于平淡，幸福也就触手可及了。

让喧哗在内心停止，让平淡带来宁静的喜悦，这不仅是一种享受，也是生活的本质，而它来自于我们的心灵深处。

下篇

心纯至真

永远真心对自己

月有阴晴圆缺，所以，我们不敢祈求总是花好月圆；海有波涛汹涌，所以，我们不敢渴望永远一帆风顺；树有花开花落，所以，我们不敢期待好花常开；人有七情六欲，所以，我们无法避免喜怒哀乐常"来"。

生活很"慷慨"，因为它会给予人们很多很多，人的悲欢离合和月的阴晴圆缺与花开花落一样，都是人生的常态。人的一生看似漫长，实则短暂，人在领略世间无限美好的同时也会饱受各种痛苦的煎熬。有的人选择接受生活所给予的一切；而有的人只能在快乐面前笑，无法在困难面前笑。人要坚强乐观，因为想要拥有属于自己的生活，就要学会接受生活中的一切喜怒哀乐。

赵敏和婆婆前几天因为一件小事发生了口角，两人谁都不肯相让，吵来吵去，最后闹到了不可收拾的地步。赵敏不肯接受婆婆的唠叨，婆婆不愿认可儿媳的处事态度，互不退让的结果是双方都异常生气，让作为丈夫和儿子的那个人夹在中间，进退两难。

一天，赵敏遇到了大学时的一位好朋友，当他们聊起这件事情的时候，她的朋友先等她的情绪平静下来，然后引导她："导致你们吵架的原因其实是鸡毛蒜皮的小事，但争吵起来的后果就是家里整天鸡犬不宁，甚至夫妻要离婚，但静下来想想，哪有那么严重呢？"

朋友继续分析并引导赵敏如何接受这样的一个婆婆："你明明知道婆婆的脾气，为何不能让着她一下呢？毕竟她是长辈，即便是有错误，也要用适当的方式在适当的时候提出来，给别人一个机会，有的时候也是给自己一个机会。因为这个世界上没有完全相同的两片树叶，也绝对不会有完全相同的两个人，所以，我们不能把自己的愿望强加在别人的身上，你不可能希望全世界的人都用你喜欢的方式去做事，同样你也无法让全世界的人都认同你。

俗话说将心比心，你只要换种角度想问题，那么所有的一切就都可以接受了；不要总盯着不开心的事情，要多想想开心的事情，每个人都会有自己闪光的一面，所以遇事多想想别人的好，这样，我们心里就不会有那么多的怨恨了。"

经过朋友的分析，赵敏明白了。晚上回家之后，她先主动和婆婆道了歉，这样一来，婆婆反而感觉不好意思了。从那以后，婆媳二人相处得越来越好，两个人之间很少再争吵了，做丈夫的心里也高兴。

通过这个故事可以看出，人与人之间相处，贵在彼此解开心结。家家都有难念的经，难就难在每个人的想法千差万别。人和人之间的感情是相互的，我们如果想要别人对我们好，那么，我们首先就要对别人好。而且，必须承认，生活中的酸甜苦辣是人生的一部分，无论怎么样，我们都没有办法避免，所以在这个时候我们能做的，就应该是接受生活给予我们的一切，把所有的愉快和不愉快都当作是生命给我们的"馈赠"，这样再遇到问题时就不会有什么大碍，就会去

想解决的办法，否则矛盾越积越深，只会两败俱伤，自己和他人都多了痛苦和悲伤。

　　酸也好，甜也罢，苦也好，辣也罢，都是人生。与其垂头丧气地过一天，不如快快乐乐地过好每一天；与其无精打采地抱怨生活的不如意，不如快快乐乐地解决好每件烦心的事情。

不以物喜，不以己悲

先天下之忧而忧，后天下之乐而乐的范仲淹在经历了人生的大悲大喜之后写下了被后人一直称颂的《岳阳楼记》，在文中他写下了"不以物喜，不以己悲"的千古名句。

生活在社会中，人每天都会遇到很多的事情，快乐的时候像是品尝到了幸福的味道，痛苦的时候又有了迷失人生方向的烦扰。其实，人最需要的是一种不以物喜、不以己悲的心态，如此才能在人生中走得更远、更好。

可是，人要想真正做到不以物喜、不以己悲，是需要不屈的毅力和极大的勇气的，这也是对一个人的考验。

唐朝时期有一位自动才华便十分出众的诗人，名叫李贺，他曾经与李白、李商隐一起被人并称为唐代"三李"。

李贺出生于一个破落的贵族之家，从小家境不好，他自幼体型细瘦，但是才思聪颖，7 岁便能作诗，而且擅长"疾书"，18 岁时李贺已经是诗名远扬。他原本是一个有着大好前程的诗人，但是他的"好景"却未能常在。

李贺本来可以早登科第，但在年轻时即遭丧父的打击，按照礼俗，服丧时间为 3 年。3 年后，21 岁的李贺参加府试，最终却因为其父的名字"晋肃"犯"嫌名"而落榜。韩愈以"质之于律""稽之于典"为其辩解，终无可奈何，李贺不得不愤离试院。从那以后，李贺屡屡失意，最后因为功名无成加上妻子病重，忧郁而终。

李贺没有做到不以物喜，更没有做到不以己悲，他在面对仕途的失败与人生的打击之时，没有做到平静淡然处之，而是终日郁郁寡欢，以至于在年轻的大好时机便断送了自己的大好人生。他的人生是悲剧的人生，年仅 27 岁的奇才就这样消失于唐朝的诗坛，这不仅是他一个人的损失，更是整个社会的损失。

不以物喜不是对所有的事情都视而不见，不以己悲也并非是自己不思进取，而是人不应患得患失，要有看淡一些的胸怀。

1895 年，居里夫人和比埃尔·居里结婚时，新房里只有两把椅子，正好两人各一把。比埃尔·居里觉得椅子太少，建议多添几把，以免客人来了没地方坐，居里夫人却说："有椅子是好了，可是，客人坐下来就会不走啦！为了多一点时间搞研究，还是算了吧！"

不以物喜的人有时候很"吝啬"，尽管他们的生活不算清贫：1953 年起，居里夫人的年薪已增至 4 万法郎，但她照样"吝啬"。她每次从国外回来，总要带回一些宴会上的菜单，因为这些菜单都是很厚很好的纸片，在背面写字很方便。因此，有人说居里夫人一直到逝去都是"一个匆忙的贫穷妇人"。

不以己悲的人不会在意自己的名誉和地位。有一次，一位美国记者寻访居里夫人，他走到一家房舍门前，向赤足坐在门口石板上的一位妇女打听居里夫人的住处，当这位妇女抬起头时，记者大吃一惊：原来她就是居里夫人！居里夫人在日常生活中和普通人没有什么区别，她本身就是一个朴素的妇人而已。

不以物喜、不以己悲的人淡泊名利。居里夫人天下闻名，但她既不求名也不求利。她一生中获得各种奖金 10 次、各种奖章 16 枚、各种名誉头衔 117 个，但她全不在意。有一天，她的一位朋友来家里做客，看见她的小女儿正在玩英国皇家学会刚刚颁发给她的金质奖章，于是惊讶地说："居里夫人，得到一枚英国皇家学会的奖章是极高的荣誉，你怎么能随便给孩子玩呢？"居里夫人笑了笑说："我是想让孩子从小就知道，荣誉就像玩具，只能玩玩而已，绝不能看得太重，否则就将一事无成。"

正是这样一个不以物喜、不以己悲的妇人书写了自己的恢弘人生，在科学领域，她所达到的成就数不胜数，而她从来都没有"在乎"过。作为一名科学家，她所看重的仅仅是自己的科研成果有没有造福世界，有没有为人类造福。

不以物喜，人才能看清楚自己前进的方向；不以己悲，人才能更好地发挥自己的优势。人生的喜怒哀乐都是常态，看清楚、想明白之后就没有什么大不了的。生命短短数十载，为社会、为人类奉献非常重要，而功名利禄生不带来、死不带去，所以，做好自己最重要的角色为佳，让自己在生命中的每一天都充实一点、努力一点、认真一点，快乐而健康地生活。

微笑是上天送我们的最佳礼物

我们每个人在一生中都会经历很多的事情，其中不可避免地会有失败、挫折。面对失败、挫折，不同的人会有不同的态度：很多人在面对失败、挫折的时候会悲观、哭泣，甚至沉沦、自暴自弃，这样的结果就是一直失败下去；而生活中的勇士，会在面对失败、挫折的时候，给自己一个鼓励的微笑，或给自己信心，告诉自己没有什么大不了，转而寻找到失败、挫折的原因，从头再来。

在生活中，如果你永远微笑着面对，那么，你的生活就会变得越来越美好。

微笑，就像是黑夜里的一只萤火虫，能让人在黑暗中寻找到正确的人生之路；微笑，就像是冰冷中一缕炽热的阳光，能让人在寒冷中感受到光明与温暖，撑起属于自己的一片天空。

古今中外，很多有志之士在人生路上都曾遭遇过失败的打击，但是他们都会选择微笑着迎难而上。

在美国历史上，有这么一位总统，他用自己的行动赢得了美国人民的尊敬和爱戴，他的名字叫林肯。

林肯年轻的时候，做生意、竞选议员，前前后后努力了将近二十多次，可惜最后均告失败。但是林肯没有放弃，他始终微笑着面对生活，不断努力，不断提高自己，不断为实现梦想做准备，最终，他通过自己的努力，成为美国历史上最伟大的总统之一。

《战争与和平》的作者托尔斯泰大学时因成绩太差被退学，老师评价他既没读书的头脑，又缺乏学习的意愿。面对这样的评价，他接受了，然后在自己的人生路上重新开始，继续努力，终于成为世界级一代文豪。

发表《进化论》的达尔文当年决定放弃行医时，遭到父亲的斥责："你放着正经事不干，整天只管打猎、捉狗捉耗子。"但达尔文仍不放弃"闲事"。达尔文在自传中透露："小时候，所有的老师和长辈都认为我资质平庸，和聪明沾

不上边。"但是他认为即使不聪明，努力也会让自己有所成就，他没有选择放弃，而是始终在自己喜欢的生物学上努力，终于在全世界生物界拥有了独一无二的地位。

看看这些永载史册的人，他们没有因为不顺利、别人的冷嘲热讽而不开心、停止努力，而是始终微笑着努力、乐观地对待生活，最终走出了自己的光明之路。

在现实生活中，有很多普通人甚至不幸的人，微笑着坚强面对每一天，他们是值得敬佩的人。

有这样一个人，他原本是一名普普通通的歌手，他一生最令人敬佩的就是始终微笑着面对生活中所遇到的一切。他叫丛飞。

丛飞在做歌手的 11 年时间里，一共参加了 400 多场义演，而且用自己辛苦赚来的 300 多万元资助了 178 名贫困学生，他用自己的行动证明了爱心的伟大力量，他让无数贫困的孩子圆了上学的梦想，孩子们亲切地称他为"丛飞爸爸"。

后来，丛飞不幸得了重病，在被查出胃癌晚期的时候，他还没有忘记帮助那些需要帮助的孩子。他资助了很多贫困的失学儿童，却连自己的医药费都付不起。他被媒体称为："爱心大使"、"五星级义工"、"中国百名优秀志愿者"。他曾说："有人说我是傻子、疯子、神经病，但我却觉得活得有意义。这很符合我的性格。"丛飞在生命之烛即将熄灭的时候，依旧乐观地面对生活，微笑着面对身边的人，直至他的生命之烛熄灭。

所以，面对生活，不管是处于失意还是遇到挫折，不管是阴云密布还是困难重重，人都要选择微笑着去面对，这样才不会愧对自己的人生，也才会生活得更加快乐，更加幸福。

面对逆境不悲伤

快乐是每个人都想要的生活状态，然而，并不是每个人在一生之中所有的时候都是快乐的。悲伤乃人生常态，每个人都不可避免地会遇到这样或那样的不如意，而面对不如意，人们能做的就是不流泪、不悲伤。其实美好生活就是人们不断战胜悲伤的结果。

有些逆境或许是上天刻意和人们开的玩笑，是人们无从避免的，但只要你能换个角度看问题，多想办法解决问题，这些经历就会成为你人生中一笔最宝贵的财富，会让你更好地成长。

"天灾"曾让多少人无家可归，"人祸"又让多少人妻离子散，人能左右自己的情绪，却无法避免"天灾人祸"的发生。灾难既然无法避免，所以，人要学会不悲观，从困境中振作起来。

汶川地震让多少人陷入了灾难，当地震来袭，多少人在顷刻间失去了家园，多少人在顷刻间失去了亲人。一个个令人心碎的画面刺痛着每一个人的心，死亡面前那一张张哭泣的面孔，废墟之前那一声声无力的挣扎，让多少人潸然泪下。这样的境况不是我们想要的，但是，灾难既然来了，我们可以看到，还有那么多的人用坚强、用坚持鼓舞着自己，用微笑证明着生命的奇迹：

一个女学生，当她被救援人员从废墟之中挖出来的时候，双腿就已经断了，双手也被砸伤了，但是她从被挖出来一直到被送达救援站一滴眼泪都没有流，在最痛苦的时候她咬着牙，坚强地挺了过来，她一边微笑一边对身边的人说："没关系，要勇敢！"

一个被战士搜救出来的三岁小男孩，他的名字叫郎铮，在他被救出来躺在担架上的时候，他吃力地将自己的右手举过头顶，微笑着向四周的战士敬队礼，那一刻，生命在小男孩的眼中是那么的珍贵。

废墟下面，两个15岁的小孩子小雪、小雨四只小手紧紧

握在一起，他们微笑着对彼此说着坚持，那一刻她们在我们每个人的眼里是那么美丽。

那个在废墟中的黑暗里依旧打着手电筒看书的女孩子邓清清；那些被埋在废墟中的北川中学高一年级的所有学生，在面对灾难的时候，微笑着一起唱"幸福和快乐是结局"……

纵然在那场灾难之中，很多微笑着选择坚强的人最后还是没有能坚持到底活下来，但他们留给我们的是微笑背后的坚强，在他们经历了那么多的悲伤之后，坚强在生命面前显现出伟大。

随着灾情的恶化，悲伤是不可避免的，但是悲伤过后，人们擦干眼泪面对现实：伤者需要救治、无家可归者需要安置、家园需要重建，人们选择坚强，选择凝聚就是力量，选择尽自己最大的努力加倍做好自己的工作，生者坚强，逝者安息。

有这么一句名言："假如你因为错过太阳而流泪，那么你就会错过群星了。"不要为了失去而悲伤，而应该珍惜现在的拥有。时间是捧在手心里的水，无论你怎么样小心翼翼地合拢双手，水都会从指缝中悄悄溜走；时间是银行里的存款，无论你怎样节俭，只要生活中有花费，存款的数目必定会一点点变少。

所以，在生活中，我们不要为了时间的流逝而哀伤叹息，而应该用行动来证明我们没有虚度年华。我们要有自我调适心理的能力，去改变那些让我们悲伤的现状。

有这么一个故事：

一户农家生了一对双胞胎兄弟，哥哥整天闷闷不乐，弟弟则是十足的乐天派。父母很喜欢哥哥，他们把很多新买来的好玩东西都给了哥哥，而经常任由弟弟到马房去玩。

然而，父母所有的疼爱和关怀在哥哥那里并没有起到什么好作用，反而让他变得更加忧郁。弟弟却是完全不同的境况，有一天，他一脸兴奋地说："马房里的母马要生小马仔了。我要把他照顾得很好，我们已经成了朋友。"

可见，生活中一点点的小乐趣对于乐观者来说都是快乐的源泉。父母的偏宠并没有让弟弟失去快乐的能力，父母的

"疏忽"关爱也并没有剥夺弟弟寻找快乐的脚步，孩子通过一匹马找到了属于自己的快乐。

所以说，快乐和悲伤是相对的。桌子上放着半杯水，悲观者眼里看到的是："唉，只有半杯水了，生活真痛苦。"而乐观者看到的却是："哇，还有半杯水可以喝，生活真美好。"由此可见，生活的意义在于我们能透过我们所看到的现在找到生命原本的价值，所以，不要哀叹只有半杯水的人生，而是要笑着接受生命馈赠给我们的那半杯水，因为半杯水总比没有水要好得多。

有人说："悲伤是罂粟，它会让人迷失自我。人一旦陷入悲伤的沼泽中，眼泪会失去行动的效力，消沉会让自己进入孤立无援的境地，此时，你该怎样保护自己和身边的人呢？"所以，我们不要陷入悲伤的"泥潭"之中，将悲伤拒之门外，坚强面对，才有机会让成功属于我们。

人生在世不顺心之处时时有，此时需要的不是悲伤的眼泪，不是消沉的心态，而是化悲伤为力量，想方设法战胜逆境，拥抱成功的曙光。

外圆内方，做人不难

人活在世上，总要面对两大世界——身处的大千世界和自己的内心世界。人一辈子无非是做两件事——做人和做事。怎么做人和怎么做事，从古到今都是人们探讨的问题。多少人一辈子都在哀叹做人难，是，不光做人难，而且人难做。

中国古代铜钱是一枚圆圆的小钱，铸造者却独具匠心，把它的中心做成棱角分明的小方孔，于是成了"外圆内方"。这是中国工匠独具匠心的智慧，不仅使得钱币更加美观，也体现了中国人做人"方圆并用"的思想，即做人要像铜钱一样外圆内方，才能"圆满"。中国人认为，"方"是指做人有正气，具备了人的优秀品质；"圆"就是处世老练、圆通，善用技巧，不至让人尴尬，也不至让自己为难。

人走路时，倘若直走不行，就会想办法绕过去。一个人要是过分"方方正正"，就会像生铁一样，一拗就容易断；当然，一个人若八面玲珑、圆滑透顶，总是让别人"吃亏"，自己占便宜，久而久之，也没有人愿意和他打交道。这两种人做人都是失败的。一个人要想受欢迎，一定要在做人、做事上做到方外有圆，圆中有方，外圆而内方。

做人要方，就是说做人要懂规矩，绝不可以乱来，绝不可以"越雷池一步"，这个理在中国已经流传了上千年。中国人常说："没有规矩不成方圆。""有所不为才可有所为。"说的都是"方"这个道理。

每一个行业都有自己绝不可以逾越的行规。比如，做官就要绝对奉守清廉的原则，从一开始就做好承受清贫的思想准备。曾国藩的家训"八不得"中有一条：为官要清，要不贪。如果人想做官，开始的动机就不纯或做了官后思想慢慢"变质"，企图以权谋私或进行权钱演变，那这个官就一定当不好，当不顺利，也不会当长远。

做人要方，就是要人们在礼尚往来中学会以心交心，以诚换诚；要人们在和睦相处中学会以礼交礼，以仪换仪；要人们在谦虚谨慎中学会以真交真，以纯换纯；要人们在光明磊落中学会以善交善，以孝换孝；要人们在风雨共济中学会以义交义，以仁换仁；要人们在舍生取义中学会以名交名，以命换命。

人要时刻都大大方方、明明白白地对人，要心胸宽广、心怀坦荡；人要时刻都率率真真、亲亲切切地待人，要以诚心、不要心机地对待他人；人要时刻都亮亮堂堂、方方正正地为人，不掺私心，不为私己。

清朝雍正时期的田文镜，是个有名的"铁公鸡"，他办事一丝不苟，事无巨细。乾隆时期的纪晓岚，也是方正做人的典范。

除了在做人方面要恪守"方之道"外，更为重要的是，做事还要"圆"。中国人的传统是恪守中庸之道，做事时爱讲究"圆"。

圆，是指圆通、圆顺，意味着变通，意味着成熟，意味着理智，意味着不呆板。

一个人要让他人觉得自己为人圆融才是最好的，因为，他的生活不"缺失"。在生活中，人要事事做到周到、圆满是很不容易的，需要方中有圆、圆中有方。

有一个农村小姑娘，在某个大城市的一户人家做保姆。一天早晨，她起来做饭的时候，在房门口捡到了五元钱，她想肯定是主人不小心掉的，就把钱随手放到了客厅的茶几上。晚上的时候，女主人把钱收了起来。谁知第二天又是如此，而且数额增大，竟然是一张 20 元的，这下小保姆觉得奇怪了，怎么会这样，莫非……

想到这里，小保姆留了个心眼，把钱揣到了自己的衣袋里，等到傍晚的时候，趁女主人下楼锻炼的机会，把钱放到楼梯上，准备测试女主人一下。令她没想到的是，女主人看到钱时，毫不犹豫地揣进了自己的腰包。这个过程被有心的小保姆看得一清二楚。当主人问小保姆有没有看见 20 元钱的时候，小保姆证实了自己的猜测，知道是主人在考验她，也可以说是在侮辱她。她不慌不忙地问女主人："您刚刚上楼的时候不是在楼梯上捡到了吗？"女主人听到"楼梯"二字，像是触了电一样，尴尬得一句话也说不出来。

这个小保姆很不简单，她利用了"圆"的策略，既维护了自己的尊严，又对女主人进行了有力的反击，恰到好处。

做人要方，做事要圆，其实就是以最真实的一面对自己、对他人，保持一份纯净的心性。方圆之道，宛如一对孪生兄弟，总是"形影不离地相亲相爱着"，谁也离不开谁。我们如果不懂得做人要方，就不会懂得做事要圆，而这是一个"水乳相融的大容器"，是对人品质和智慧的考验。

心静如水，人淡如菊

世事纷乱，潮起潮落，生活把岁月刻在人的脸上，社会将人柔软的心磨砺得浑圆。这种浑圆让心不再有绚丽的光泽，却让心不张扬、不喧嚣，归于宁静。

静，丰富而不肤浅、恬淡而不聒噪、理性而不盲从。拥有了这样的静，人就可以在潮起潮落的人生舞台上"采菊东篱"、"击节而歌"；拥有了这样的静，人就可以"宠辱不惊，看庭前花开花落；去留无意，望天上云卷云舒"；拥有了这样的静，人就可以"平淡对待得失，冷眼看尽繁华；畅达时不张狂，挫折时不消沉"；拥有了这样的静，人就可以在生活中击破纷扰，洞察世事，谢绝繁华，回归简朴，达到"落花无言，人淡如菊，心静如水"的境界。

老子说："万物芸芸，各归其根。归根曰静，静曰复命。"意思是说，根是万物生命的来源，回归根才是静，能静才是回归了生命。这讲的就是静的重要。可是，很多人常常忘记了静，反而尽量用动去消耗自己。

"非淡泊无以明志，非宁静无以致远。"这句话出自诸葛亮的《戒子篇》。其内涵是说，人对于生活不要过分奢求，要安于宁静，清简一些，自然一些；尽可能排除心中的杂念，这样，心就会乐观，情绪也会昂扬向上。

淡泊明志，世间达者皆有之：豪士之于滔滔逝水，吟出了"大江东去浪淘尽，千古风流人物"；隐士之于失意世俗，"采菊东篱下，悠然见南山"；义士之于冰冷屠刀，"我自横刀向天笑，去留肝胆两昆仑"；智者之于声色利诱，"非淡泊无以明志，非宁静无以至远"；仁者之于浩浩天下，"达则兼济天下，穷则独善其身"……

诸葛孔明堪称淡泊宁静的典范，未拜相时他躬耕南阳，心忧天下。他不浮躁，在清风明月中读史，在竹林泉石旁对弈，白日观风云变幻，夜晚察星斗转移，不问名利，不求闻达。后来，他官至蜀国丞相，仍淡泊明志，矢志不渝，鞠躬尽瘁，死而后已。他身后未留下一分私财，留下的却是千古流芳的精神，以及那一句时时告诫后人的话："非淡泊无以明志，非宁静无以致远。"

宋代大文学家苏东坡也深谙宁静致远、淡泊明志的精髓。他一生命途多舛，受排挤、遭诬陷、入牢狱、屡遭贬谪。但他总能以积极的人生态度，守护心的宁静、圆通，让自己不受外物影响。人格上的自信、从容，使他在名、利、物上分外旷达、超然。他的思想融合了儒家、道家、佛家的哲学精华，他的著作中包含着其极为独到的精深见解。从苏东坡的许多传世名作来看，很多是他在淡泊宁静中心灵的一次次感慨和呐喊。与其说是坎坷的经历造就了大文学家苏东坡，不如说是苏东坡在淡泊宁静的思考中铸造了他一生名垂青史的辉煌。

李白有诗："花间一壶酒，独酌无相亲。举杯邀明月，对影成三人。"其中颇含有淡泊与宁静的意境。

贾岛诗曰："鸟宿池边树，僧敲月下门。"一片宁静中敲门声久久回荡，更是平添了不尽的韵味。

"明月松间照，清泉石上流。"千古名句说明了一个真理：在纷繁复杂的尘世间，能拥有一份属于自己的宁静，实在是一种享受。因为这是一种饱含永恒的宁静，令人神往。

　　然而太多的时候，人们无法排遣内心的烦躁，烦心的琐事无时无刻不在困扰着、搅扰着他们的心，令他们苦闷。所以，人要养成淡泊宁静的心，让宁静滋润心田，平抚燥热；让宁静带来阳光，无论在多么黑暗的夜色中，心底都有一抹亮光。

　　人生在世，人不免被各种诱惑所吸引：名利、金钱、美色、地位等等。人只有淡泊宁静，才能洞察凡尘，只有清心内敛，才能高瞻远瞩。

　　所以，淡泊是一种品德修养，是为人质朴、超逸、恬淡的涵养，淡泊的人不会因宠爱而忘形，因失落而怅然，因富贵而骄纵，因清贫而自惭。因为淡泊，人不会困于喧嚣的市井，也不会被流言蜚语扰乱心智。人因为心中无尘杂，志向才能明晰和坚定，人才不会被贪念侵蚀，不会被虚荣蒙蔽。

　　淡泊宁静之中，蕴含着和谐、积极的心态。江水澄澈千里，在平淡中执着地奔流；群山巍峨千年，在静默中恒久地伫立。大自然将宁静的境界展现给人们，不论日夜更迭，季节流转，永远如同清泉流淌，松涛起伏，一切在淡然之中，一切在平静之下。

人若没有过分的欲望和杂念，一切就会是和谐美好、生生不息的。这是一种智慧，一种大智慧。一个人如果能悟到淡泊宁静的真谛，就不会被生活"逼迫"，不会因人事而筋疲力竭，而是抛下超重的负荷，打开心灵的窗户，突破失意的包围，以"行到水穷处，坐看云起时"的心态坦然面对生活，让洒脱歇息在自己心灵没有杂质的芳草地上，让心永远葆有充实、轻松的宁静。

心太满则太累

在生活中，一些人经常喊累，为什么会这样呢？

在二十世纪二三十年代物质生活匮乏的时期，人们只要解决了温饱问题，有吃有穿就很知足了；而现今，物质生活水平急速提高，科技快速进步，物质生活大为丰富，人们开始把目光转向精神上的追求，有了更多的欲望，也有了更大的压力，再加上竞争的日益激烈、优胜劣汰的速度加快、各种高科技产物更替过快等问题的出现，许多人的大脑和心灵被各种欲望充斥着，自我承受能力受到极大考验。有些人由于心里的东西"太满"，导致心灵健康问题日渐增多。

世界卫生组织是这样来定义健康的：健康包括身、心两方面，其中，心灵健康包括社会适应能力和心灵承受能力处

于良好状态。所以，健康的一半是要心灵健康。

人的心灵健康其实是一个自我关注和自我反思的过程，其实每个人都要关注心灵健康，因此适时的自我反省是极其重要的。

举个简单的例子，就好比自行车一样，气少了就打打气，气满了就撒撒气，这样人骑上去才轻松。人也是一样，要学会经常调适自己的心态，心里的东西装得"太满"，就适度地"倒一些出来"。下面几种方法，可让"欲望"太满的人"减负"。

（1）抓住心太"满"的源头，及时切断。

其实，人之所以会感到"累"，在很大程度上就是因为心太"满"。每个人都有不同的经历，而它正是记忆的基础。一天一天，人心里的事情越来越多，心的负荷也就越来越重。因此人要学会尝试着把一些不必要的事情从心里舍弃掉。人随着年龄的增长，有太多的细节、太多的瞬间，也有太多的无奈和纠结，唯有将这些舍弃，才能让心不"满"起来。

（2）心太"满"了，就为心"减减肥"。

人想让心不"累"，就应该学会拿得起放得下，学会看轻看淡世事人情，学会不强求，学会豁达。在这个世界上，没有人比你更懂你自己的心，放松自己，寻找属于你自己的营养"奶酪"，就是给疲惫心灵最好的"解药"。

人之所以会"心满"，就是想要的太多。人生在世，人不可能想要什么就能得到什么，能做到"得之我幸，失之我命"是一种真正的智慧。

比如，明知道有些人永远都无法相守、有些事情永远都无法圆满、有些情感永远没有结果，有的人却还是会翘首期伴着，幻想着，心能不"满"吗？

还比如，很多时候你会悲伤，其实悲伤不是别人加给你的，而是你心灵的导向出了问题，没有找到幸福的"落脚点"。你什么都想得到，什么都不愿意放手，心灵又怎堪这样的重负？学会放下，放下那些没有必要的心灵"包袱"，学会坦荡，让一切顺其自然，这样心就会轻松无比了。

人会"心满"，就是因为虚荣太多了。"知足者常乐"是人们常常挂在嘴边的一句俗语，但能够真正做到的人并不多。很多时候，人不是因为失去而惆怅，而是因为虚荣没有得到满足而惆怅。这个世界千变万化，诱惑仿佛包着糖衣的毒药，让心灵不由得为之摇曳，奢望和幻想也就随之出现了。

当诱惑摆在面前时，人是否能够把握住自己，不让心灵迷失，是每个人都应思考的问题。虚荣和诱惑就好比一对孪生姐妹，有虚荣就有诱惑，有诱惑就有虚荣，他们总是"结伴而行"，同时出现，让心灵在不知不觉间丧失了原本的单纯和初衷。

让我们来看一个故事：

一个男孩儿和一个女孩儿从小一起长大，后来成了恋人。

一次逛街时，女孩儿看上了一条别致的金项链，她爱不释手，心想："以我的气质来配这条项链，一定很好看。"男孩儿看在眼里，知道自己囊中羞涩，只好拉着女孩儿走开了。

后来，在女孩儿的生日宴会上，男孩儿将女孩儿心仪已久的那条金项链送给了她，女孩儿欣喜若狂，激动地吻了男孩儿。男孩儿一脸的羞涩，慢吞吞地说："这条项链是……是铜的。"所有的人都听到了男孩儿的话。女孩儿立刻红了脸，把项链揉成一团丢到桌子上……

不久后，女孩儿遇到了一个男人。这个男人说，他可以满足女孩儿所有的物质需求。当男人把炫亮的金首饰戴在女孩儿的身上时，女孩儿爱慕虚荣的心立刻被俘虏了。后来他们同居了，一开始男人对女孩儿很好，女孩儿很庆幸自己找对了人。但是不久后，怀孕的女孩儿发现男人失踪了。一直交不上房租的女孩儿不得不走进当铺，老板看着她拿出来的金首饰，不屑地说："你这些镀金首饰不值钱！"女孩愣住了。

故事中的女孩儿，因为贪图虚荣，而错失了自己的真爱，因慕物质，把自己交给了他人做"玩物"。虚荣心害人不浅啊！

其实，把握自己、抵御虚荣的最好办法就是提高自己的修养，敢于接受自己的不足，敢于面对眼前的现实，知

道自己能做什么、需要什么、适合什么，这才是最关键的。

人之所以会"心满"，就是因为心灵不肯"放空"，所以，放空原来心中埋藏的恩怨情仇，放空名利得失，放空一切不愉快，人就可以有一颗轻松自由的心，就可以随心所欲地快乐生活。

让心"放空"，是摆脱"心累"的最好方式。如果心"放空"了，每一天都会是新的起点，那该有多好！

心太"满"了，就学会舍弃吧。漫长的人生，最需要的是那份轻松！

从容生活，天宽地阔

人生就像浩瀚无垠的大海，不会永远风平浪静，时常会有惊涛骇浪骤起"挑衅"。在人生的大海上驾驭着轻舟时，要有勇于迎战风浪的从容和镇定。

从容是一种境界，是一种成熟美、智慧美。有这种高境界的人，即使在乌云笼罩、惊涛骇浪中也能"稳坐钓鱼船"，以乐观的态度坦然处之。

一只捕蟹船上住着老艄公和他的儿子，平时，父子俩高挂桅灯，摇着一叶扁舟到海里捕蟹。那满舱的星光、满怀的明月，是老艄公岁月里恒开不败的花朵。可惜，老艄公害上了眼疾，几乎致盲，但仍陪伴儿子下海捕蟹。

一天夜里，艄公父子正捕蟹，突然阴云翻滚，恶浪汹涌，狂烈的风"哗啦"一声就拍碎了桅灯，顿时他们被卷入了黑色的旋涡，覆舟在即。

"爸爸，我辨不出方向啦！"儿子绝望地喊。老艄公踉踉跄跄地从船舱里摸出来，推开儿子，自己掌起舵。终于，蟹船劈开风浪，靠向灯火闪烁的码头。

"你视力不好，怎么还能辨出方向呢？"儿子不解地问。"我的心里装着盏灯呢。"老艄公从容地悠悠答道。

可见，临危不惧、泰然处之，既是一种自信，也是一种成熟的从容；既是一种冷静，也是一种理智的举重若轻。从容使一个人能在人世沉浮的突变中沉着应对，处事不惊。

一个人也许生活平平，也许生活暗淡，甚至可能生活跌入深谷，但是唯独不能心中缺少一盏明灯。因为明灯会发出智慧、勇气、镇定的光芒，人只要心中装盏明灯，哪里会不从容？

心有明灯，人便不会迷路，便可无畏黑暗、拒绝胆怯，便会拥有一份明朗的心情、一份必胜的信念、一份坦荡的胸怀……

有的时候，所谓从容就是接受生活中的所有不愉快，变不愉快为愉快。其实，生活中不是烦恼太多，而是人们不懂得享受；生活中不是快乐太少，而是人们不懂得把握。生活中的很多事情原本可以不必太在意的，有些事情原本也可以不用去在乎的，有些事情也是可以忽略或忽视的，关键是我们如何对待。

宋代文学家苏东坡是以"万象皆空幻，达人须达观"的旷达胸怀从容面对他那并不平坦的人生的，虽然他一生屡遭坎坷，但他无论何时都保持着"一蓑烟雨任平生"的心态，他身体力行着"无故加之而不怒，猝然临之而不惊"的从容，最终到达了"也无风雨也无晴"的境界。

所以说，从容是一种修养。那些在人生道路上历经坎坷却仍然从容对待、不断取得成就的人，使人不禁心生敬意。

据史书记载，唐朝的一个督运官在监督运粮船队时，不幸因遇大风翻船，粮食受到损失，时任巡抚的卢承庆在考核这个督运官的时候说："监运损失粮食，成绩中下。"

督运官听到这一评价，一句话也没说，只是从容地笑了笑，便退了出来。

卢承庆对督运官的气度和修养颇为欣赏，就把他叫回来重新评价道："损失粮食非人力所能及，成绩中中。"督运官仍然没说什么话，只是笑笑而已。

卢承庆深为这位督运官的坦荡胸怀所感动，最后评价他："荣辱不惊，遇事从容，成绩中上。"

在浩如烟海的历史人物中，一个小小的督运官能引起人们的注意，并在唐书中专门有这么一笔，不是因为别的，就是因为史官推崇他"荣辱不惊，遇事从容"的心态和修养。

人的一生不是一帆风顺的，有时要走过一段艰辛的跋涉。有些人的人生，坎坷曲折，更多的是在荆棘杂草中远征的苦涩；有些人经历了酷暑寒冬的洗礼。但他们在面对风风雨雨、坎坎坷坷时，仍然从容地迎接命运的挑战，从这个意义上说，从容是坎坷的"对手"，人只要拥有了从容，就能珍惜生命，就能品味生活，就能达到人生的高境界。

天顺其然，地顺其性，人随其变。凡事顺其自然，就像春华之后，瓜熟蒂落，就像水到渠成，名成功就。世间太多的事与物，非强求所能成功，譬如少年理想；非强求所能拥有，譬如不适合的爱情。从容，人方能通达社会，淡看得失，超然于世。

事能知足心常惬，人到无求品自高

常言道："事能知足心常惬，人到无求品自高。"无求，是一个人的智慧到了可以看淡一切的境界，"得失随缘，心无增减"。得到时，不会欣喜忘形；失去时，不会痛苦绝望；富贵时，淡然处之；贫穷时，修身养性。这是一种无惧无畏的坦荡，也是一种恬静淡然的处世态度。

人无求就不会被名所累。曹雪芹在《红楼梦》里有一首《好了歌》，这样写道："世人都晓神仙好，唯有功名忘不了！古今将相今何在，荒冢一堆草没了。"这首诗道出了一个事实：功名只不过是过眼云烟，随着时间的流逝，功名也会被渐渐地淡忘。所以，一个人无论生前的职位多高，权力多大，一旦逝去了，就什么都没有了。

有这么一个故事：

有一位高官整天吃不好睡不香，人们都以为他是在忧国忧民。当有人问他其中的缘故时，他竟然说出了让人意想不到的话，他说："我每天都在想谁整我、我整谁。"

试想，这样满心思地争权夺利、尔虞我诈的人，他活着能不心累吗？

还有一个故事。

有一个穷人，从来不会去奉承富人。富人对此很恼怒，便责问他："我富你穷，为什么你不来奉承我？"

穷人说："你富你的，你的钱又不分给我，为什么要我奉承你？"

富人表示愿意把自己的财产的一成给穷人，来换取穷人对自己的奉承。

穷人说："只给一成，不公平，不干。"

富人说："那给一半，行不行？"

穷人说："如果你给了我一半财产，我们双方平起平坐了，我还用得着奉承你吗？"

富人说："那全给你呢，你总该奉承我了吧。"

穷人说："这么一来，我富你穷，应该轮到你奉承我了吧？"

如果你认为自己现在处于穷人的位置，当你面对富人时，你是否有这个穷人般的自信和淡定？其实，只要无所索求，你就会有充足的自信，去面对所有的人。要知道，人到无求品自高，人到无求自从容。

人没有"求"就不会被利所扰。有些人每天都生活在自私自利的空间里，为了一己私利，不惜昧着良心，做出种种让人鄙夷的事。比如，有的子女为父母留下的财产而你争我夺，甚至忘记了亲情而大动干戈；有的夫妻婚姻破裂后为了分割家产而反目成仇，忘记了夫妻一场的缘分；有朋友为了一点点的不愉快，竟撕破"脸皮"，抛弃了"人生最大的财富是朋友"的信条。利益的驱使，扰乱了这些"有求"的人的正常生活，扰乱了他们对亲情、爱情和友情的正确看法。

一个人如果能做到"无求"，便会心胸开阔，心花怒发，心清气爽；一个人如果能做到"无求"，就不会被利益弄得神魂颠倒，趋之若鹜；一个人如果能做到"无求"，就不会被浮云遮望眼，被一叶而障目，就能做到"心旷神怡，宠辱不惊"！

要抵得住诱惑，保持一颗平常心

诱惑像无底洞，让人看不见底。

佛家有这样一个故事：

一日，洞山禅师问云居禅师："你爱色吗？"

云居禅师正在用竹箩装豆，听到洞山禅师这样问，吓了一跳，竹箩里的豆子也撒了出来，滚到了洞山禅师的脚下。洞山禅师笑着弯下腰去，把豆子一粒一粒地捡了起来。

云居禅师耳边依然回响着洞山禅师刚才的问话，他不知道该怎么回答，因为这个问题实在是没有办法回答。

"色"包含的范围太大了！女色、颜色、脸色……

云居禅师放下竹箩，心中还在翻腾。他想了很久才回答道："不爱！"

洞山禅师一直在旁边看着云居禅师受惊、闪躲、逃避，他惋惜地说："你回答这个问题之前想好了吗？等你真正面对考验的时候，是否能够从容面对呢？"

云居禅师大声地说："当然能！"然后他往洞山禅师的脸上看去，希望能得到他的肯定，可是洞山禅师只是笑，没有任何回答。

云居禅师感到很奇怪，反问道："那我问你一个问题行吗？"

洞山禅师说："你问吧！"

云居禅师问："你爱女色吗？当你面对诱惑的时候，你能从容应付吗？"

洞山禅师哈哈大笑着说："我早就想到你要这样问了！我看美丽女人只不过是美丽的外表掩饰下的皮囊而已。你问我爱不爱，爱与不爱又有什么关系呢？所以，人只要心中有自己坚定的想法就行了，何必在乎别人怎么想！"

云居禅师不敢直接说出心中所想，说明他内心还在挣扎，抵制诱惑的能力比洞山禅师差了一大截。他的心中对"色"有不明的看法，所以才不能正面回答。诱惑是无处不在的，金钱、美色、地位、名誉……这一切都会给人带来太多太多的诱惑。有些人会因私谋金钱而驻足，有些人会因贪恋美色而沉沦，有些人会因攫取地位而毁灭，因渴求名誉而浮躁，所以人如果没有内心的淡定，必然抵御不了诱惑的袭击。诱惑是引人步入深渊、陷入泥潭的美丽诱饵，如果人经受不了它的考验，就会像下面这则寓言中的猩猩一样，成为别人的"猎物"。

一群猩猩嗜好喝酒，又喜爱穿上木屐学人走路。猎人为了捕捉它们，就在树林里摆上了米酒和木屐"恭候"。猩猩始见，破口大骂说："引诱我！"坚决不予理睬。但经不住酒味的诱惑，便走过去开始小口"尝试之"，结果一发而不可止，个个喝得酩酊大醉，最终乖乖地束手就擒。

生活中，这样的"猎手"太多了。渔夫在鱼钩上放好令人垂涎欲滴的香饵，是"请鱼上钩"；猎人在陷阱里放上大块的肥肉，是为了引诱猎物。人只有保持一颗淡定的心，保持一份纯净，才不会成为诱惑的"猎物"。

经不住诱惑的人很多，但不为诱惑所动的也大有人在。

如晋朝的大诗人陶渊明，宁东篱采菊也不入"尘网"，是因为自己的那份淡守；诗仙李白，能够在金銮殿上让高力士脱靴，让杨贵妃研墨，足见其能耐之大，按理说荣华富贵应不缺，可他却大呼着"我辈岂是蓬蒿人"，"天子呼来不上船，自称臣是酒中仙"，丝毫不为爵位所动，也不为权势而摇，李白的淡然，让他留下许多广为流传的千古名句。

滚滚红尘身边过，心定不留一缕风！淡定、淡然的人是可敬的。

心"开"是福，心"关"是魔

常言道：心"开"是福，心"关"是魔。为什么这样说呢？因为人"想开"的时候，其心灵之门是敞开的，什么都看清了，就不怕了，所以说，心"开"是福。而心灵之门若关闭了，人就会觉得这个世界上充满了黑暗。因为心灵之门关闭，一切都看不清了，心里充满了戒备、焦虑的心情，往往会心情不好，忧虑缠身，所以说，心"关"是魔。

有个故事大家耳熟能详：

一个老婆婆有两个女儿，大女儿家是开洗衣店的，二女儿家是卖伞的。每到下雨天，老婆婆就为大女儿犯愁，怕没有办法晒干衣服，不能挣钱；而到了晴天，又为二女儿难过，怕卖不出伞去，不能糊口。老婆婆日复一日地沉浸在痛苦担忧中。后来一个邻居老头知道了，他对老婆婆说："老人家，恭喜您呀！您看，晴天您大女儿家发财，下雨天您二女儿家发财，您老真是有福气啊！"老婆婆一听，豁然开朗。从此，无论晴天还是雨天，她都笑口常开。

看，换一个角度思考问题，完全是两种结局，两种心境。

我们在生活中往往会自觉不自觉地成为故事中的那个老婆婆。所以，对生活抱什么样的心态是最重要的。我们的心像一条路，心开，路就开；心"关"，路不通。人即使在遇到困难、挫折，甚至严重打击的时候，也不要"钻牛角尖"，不妨换个角度思考，这样也许生活就没有过不去的坎了。

"想得开"，人生便会充满阳光；"想不开"，人生便处处有黑暗。

有这样一个故事：

一位事业有成的父亲，家里有三个儿子。这位父亲的生意很忙，他每天都早早出门，来不及和全家人共进早餐。有一天，刚好有空，他一早就在餐桌前等着孩子们一起用餐。

老大听说父亲在家，高兴地下楼来了，父亲挥手要他坐在左手边，关心地问他："昨晚睡得还好吧？"

老大说："很好呀，我做了一个好梦，梦见到天堂去玩。"

父亲笑着问他："那你对天堂的感觉如何呢？"

老大说："很好呀，就像我们家一样。"父亲听了笑得合不拢嘴。

接着，老二也高兴地来陪父亲吃早餐，父亲要他坐在右手边，一样问他："昨晚睡得还好吧？"

老二说："好极了，我梦见到了天堂哩！"

父亲笑着问他："那你对天堂的感觉又如何呢？"

老二说："非常好，就像我们家一样。"父亲笑得更灿烂了。

老三晚起，被他母亲硬从被窝里拉了出来，心不甘情不愿地匆匆漱洗后也下楼来了。这个老三平日叛逆成性，最让父母亲头疼了。这时父亲脸上罩着些许寒霜，要他坐在正对面，冷冷地问他："还是爱赖床，昨晚睡得不好吗？"

老三噘着嘴说："我昨天晚上做了一个噩梦，梦见到了地狱。"

父亲听了，不禁冷笑道："这也不足为奇，那地狱如何呀？"

老三眨眨眼说："糟透了，就像我们家一样……"

三个儿子，生长在同样的家庭，老大、老二觉得家是温馨的天堂，老三却觉得是恐怖的地狱，这是由不同的心境导致的。前两人的心是"敞开"的、宽广的，老三的心却封闭住了，也正因为这样，老大、老二才生活得快乐，而老三只能困在痛苦、埋怨之中。

世界著名潜能学大师安东尼·罗宾说："影响我们人生的绝不是环境，也不是遭遇，而是我们持有什么样的心态。"这就像中国人常说的"横看成岭侧成峰，远近高低各不同"的道理一样，人们看待事物角度不同，对事物的认知不同，得出的结果是有区别的。积极的人，即使在最危险的境地，也能看到光明的前路；消极的人，即使在胜利的彼岸，也找不到美好的未来。

心态决定思想，思想决定行为，行为决定习惯，习惯决定性格，性格决定命运。一旦你的"心门"打开了，心态调好了，你就能"豪情壮志尽施展"，就能"珠玑锦绣任挥洒"。

静心反省，人生的真谛在于简单

"改过宜勇，迁善宜速"，这是古人的经验之谈。我们如果做错了一件事，说错了一句话，最好的弥补方法，就是大大方方地承认自己的错误，表示自己悔改的意向，采取积极的行动去弥补自己的过失，这样非但不会因暴露错误而使自己"失面子"，反而会因为我们的坦率、诚实以及立刻改过而赢得人们对我们的敬佩和尊重。

每个人都会有做错事的时候，也难免有偏执的想法，犯了错误并不可怕，重要的是要及时改正。

老子说："自制者强。""强行者有志。"这是千古不变的至理名言，值得我们深思。

孔子认为，人难免会犯错误，犯了错误及时改正，仍不失为仁人君子，错而不改，才是错上加错。孔子对善于改正

错误的大弟子颜回常常赞不绝口，认为他"不迁怒，不贰过"，是一位可堪造就之才。

孔子自己也是一个知过即改、能虚心接受他人批评的人，而且他把他人对自己错误的批评当作人生的幸事。这是何等的胸怀！

在民间，流传着这样一个故事：

一天，孔子带领着子路、子贡、颜渊等几个弟子外出讲学。他们来到海州，忽然电闪雷鸣，狂风暴雨大作。当地的一个老渔翁把他们领进一个山洞避雨。

这山洞面对着大海，是老渔翁平常歇脚的地方。孔子觉得洞里有点闷热，便走到洞口，观看雨中的海景，看着看着，不觉诗兴大发，吟成一联："风吹海水千层浪，雨打沙滩万点坑。"

老渔翁听了，摇摇头，说道："先生，您说得不对呀！难道风吹的海浪只有千层，雨打的沙坑正好万点？先生您数过吗？"

孔子觉得老渔翁的话有几分道理，便问道："既然不妥，怎样改才合适呢？"

老渔翁不慌不忙地说："我生在水边，长在海上，时常唱些渔歌。歌也罢，诗也罢，虽说不比真鱼真虾，字字实在，可也得合情合理，句句传神。依我看，你这两句可以改成这样：'风吹海水层层浪，雨打沙滩点点坑。'层层浪，点点坑，数也数不清，这才合乎情理。"

子路在一旁火了，冲着老渔翁说："圣人作诗，你也敢乱改！你也太……"

孔子连忙制止了弟子："子路！休得无礼！"

老渔翁拍着子路的肩膀说："圣人有圣人的见识，但也不见得样样都比别人高明。比方说，这鱼怎么个打法，你们会吗？"

一句话，把子路问了个哑口无言。

老渔翁瞧着子路的窘态，也不答话，飞身奔下山去，跳上渔船，撒开渔网，打起鱼来。

孔子看着老渔翁熟练的打鱼动作，想着他谈海水、改诗句、议"圣人"、责子路的情形，猛然间发觉自己犯了个大错，于是他把弟子召集在一起，严肃地说："大家要记住：

知之为知之，不知为不知，是知也！犯了错误就要勇于改正！"

俗话说："人非圣贤，孰能无过？"事实上，非但是常人，即使是圣贤也难免犯错误。只是圣贤之人比常人更善于改过迁善，所以，他们往往比常人有胸怀、有智慧。

瑕不掩瑜。比如日食和月食时，太阳、月亮暂时好像被黑影遮住了一样，但黑影最终却掩盖不了太阳、月亮的光辉。君子有过错也是同样的道理。君子有过错时，就像日食、月食，暂时有污点，有阴影；一旦承认错误并改正错误，君子原本的人格光辉仍会焕发出来，仍然不失为君子的风度。这就是《论语》中子贡说的："君子之过也，如日月之食焉；过也，人皆见之；更也，人皆仰之。"的道理。

清代学者陈宏谋说："过则勿惮改。过者，大贤所不免，然不害其卒为大贤者，为其能改也。"唐太宗李世民，并不仅仅是因为他个人的才能使得他在几十年的君主统治期内让唐王朝达到繁盛，他最突出的品德在于知人并善纳谏，集众人的智慧修其政举，所以才成其伟业。

魏征对李世民的帮助自不用说，除了魏征之外，劝李世民为善的官员，以及李世民从善如流的事例，史不绝书。

比如，侍御史柳范不但弹劾李世民的爱子吴王李恪田猎伤民，而且指责李世民本人也嗜无度出猎。李世民曾"大怒，拂袖而入"，但后来转念一想，这毕竟是实情，所以又走出来对柳范的批评表示接受。

再比如，李世民刚即位，就下令修建洛阳行宫，准备行幸。给事中张玄素对他说："十年以前，是你平定了洛阳后把隋朝的宫殿付之一炬，现在唐朝的财力还比不上隋代，你却仿效隋代大建宫殿，这样看来，你竟连隋炀帝也比不上了！"面对这样尖锐的指责，李世民也只能点头叹息说："吾思之不熟，乃至于是！玄素所言诚有理，宜即为之罢役，后日或以事至洛阳，虽露居亦无伤也。"这是多么难能可贵！唯其如此，李世民才博得了"明君"的青史之名。李世民一生的成就，是建立在改过迁善基础上的典范。

应该说，一个人只有具备了改过迁善的能力，他才可以算得上是一个在完整意义上精神健全的人，就像一个人的肌

体健康的话，他必定具备吐故纳新、自我调节的功能。改过迁善，就像人的精神上的自我调节功能。一个精神、心理健康的人，必定是一个善于调节自我行为的人。

改过迁善，是任何人在任何时候都应该而且必须遵守和施行的原则。

中国古代有一则著名的故事，出自《晋书》。在东晋时的江苏宜兴，有一个有名的强横少年，名叫周处，他凶横无比，人们对他又恨又怕，将他与当地山上吃人的猛虎与河里凶残的恶蛟相提并论，称为"三害"。周处知道后，想改善自己的形象，主动去与乡老商量，要杀猛虎和恶蛟。杀死了猛虎以后，他又下河去杀蛟，徒手与蛟龙搏斗，沿江沉浮而下，三天三夜之后，血水把河面都染红了。人们以为周处死了，欢呼雀跃，谁知周处此时却杀了蛟龙回到乡里。他满怀高兴，看到的却是人们为他的死庆贺的场面，难过至极。于是，他去到当时著名的文人陆机、陆云兄弟家中，倾诉了他的苦闷，说："我现在十分痛悔以前的所作所为，但只怕自己年事蹉跎，改也来不及了！"陆云对他说："古训有言，早晨能认识真理，就是晚上死了，也无所遗憾。认识错误、改正错误没有早晚的区别。一个人只怕不立志，哪里有发奋做人而一事无成的道理？更何况你年华正茂，前途还很远大！"周处听了以后，回去潜心习武，刻苦读书，最终在朝廷谋得官职，后来官至御史中丞，成为国家的大将，在抵抗外族入侵的斗争中，以身殉国，成为一代英豪。

所以，我们不要怕犯错误，只要精神上的"自愈组织"能战胜"病毒"，就表明了我们的决心。就怕人们不肯运用这种调节功能，不肯做自我批评，更不肯改正。

古人云："过而不改，是谓过矣。"所以，我们如果在日常生活中犯了错误，一定要及时改正。

静思己过，敦品励行

有这么一句名言："人前莫论人非，静坐常思己过。"很多人都听说过这句名言，但能够真正做到的人只是少数。

生活中有太多的是是非非、恩恩怨怨，有些事究竟谁对谁错无法界定清楚，比如，处理家庭问题时就有"清官难断家务事"的说法。在生活中，有些人总爱找别人的缺点，总爱挑剔别人的不足，于是有了很多很多的口角、争执、抱怨，导致人际关系不和谐。其实，很多时候，人真正需要的是从自己的身上找问题。要知道，人非圣贤，孰能无过？谁都不是完人，别人身上一定有值得学习的优点，人要承认自己的缺点和不足，这样才能更好地接纳别人的意见，谦虚地对待他人，与他人和谐相处。

曾子说："吾日三省吾身。"善于反省，有利于人自己进步。常反省，常思过，是敦品所行的原动力；不反省，不思过，人就不会知道自己的缺点和过失；不悔悟，不找缺点，人就无从改进。人只有每天反省自己，才能从思过中获得启示，获得进步。

苏格拉底说："不经过反思的生活不值得过。"意思是说，不对自己的生活进行反思，人就会陷入自大、自我之中，也就不知道生活的宝贵经验是什么了。

实际上，人本来可以从生活中学会很多东西，但很多人却并没有对自己的生活做出总结。一个人如果想从一个"初生牛犊"变成成熟老练的人，就必须经常反省自己，经常思过，这样才能加快自己成长的步伐，自己总结出来的经验也更有利于自己进步。

成功学大师戴尔·卡耐基说："我的档案柜中有一个私人档案夹，上面标着'我所做过的蠢事'。档案夹中有一些我做过的傻事的文字记录。我有时口述给我的秘书做记录，但有时有些事是非常私密的，而且愚蠢之极，我没有脸请我的秘书做记录，只好自己写下来。每次我拿出那个'蠢事录'的档案，看一遍自己对自己的批评，都可以帮助我处理最难处理的问题——管理我自己。我曾经把自己做的蠢事都怪罪到别人头上，不过随着年龄渐增，我最后发现应该怪罪的人只有自己。很多人随着年龄的增长也认清了这一点。"

拿破仑被放逐到圣海伦岛时说："我的失败完全是自己的责任，不能怪罪任何人。我最大的敌人其实是我自己，这也是造成我最终悲惨命运的主因。"

富兰克林每晚都会自我反省。他发现，浪费时间、关心琐事及与人争论是人身上非常严重的缺点。睿智的富兰克林知道，不改正这些缺点，人是成不了大业的。所以，他一周定一个要改进的缺点做目标，并每天记录改进的点滴。到了下一周，他再努力改进另一个缺点。他一直与自己的缺点"抗战"，整整持续了两年。后来，富兰克林拥有了诸多的美德，成为受人爱戴、极具影响力的人物。

当达尔文完成其不朽的著作——《物种起源》时，他意识到这一革命性的学说一定会震撼整个宗教界和学术界。因此，他主动开始自我检查，并耗时 15 年，不断查证资料，向自己的理论挑战，否定自己所下过的不正确的结论。最终，这部伟大的著作得以屹立于世界之林。

"人非圣贤，孰能无过。"世界上没有一个人能保证自己永远不犯错。但是，为什么有的人成就卓著，有的人却一无所成呢？

其实，答案很简单：有的人一错再错，没有及时地从错误中吸取教训，从而减缓了前进的步伐。你若是一再犯同样的错误，他人会对你的反省能力、做事能力及用心程度产生怀疑，即使你是无心之失，犯的是小错，他人对你的评价也会大打折扣。所以，人要慎重地面对自己犯的错，更要及时改正错误。

一个人最怕不管什么事情总喜欢推卸自己的责任，责任感是人成大事的基础，也是立人之本。当然，如果一个人在生活中能够真正做到"静时常思己过，闲谈莫论人非"，那么他做人的"功夫"可谓达到了一个很高的境界。

人要学会将指责别人的精力用来反思自己，这样，人就能通过自我思考而不断发现自己与别人之间的差距，进而努力弥补自己的不足，让自己得到提高。当"静坐常思己过"成为我们日常生活中的必修课程之一，我们与那些优秀的人的差距就会越来越小。

那么，如何做到"静时常思己过，闲谈莫论人非"呢？

首先，要经常反省与检讨自己，深入了解自己犯错的原因何在，是能力问题？是技术问题？是性格问题？是观念问题？尤其是后面二个，有必要毫不留情地予以检讨，这样才不会自我欺骗，才不会放掉或逃避真正的问题。

其次，要反思自己及别人错误的经验，借反思提高自我警觉能力。人会犯错，经常是由性格及习惯所造成的，人具备了反思错误的能力有助于修正自己性格及习惯上的偏差。

有这样一个例子：

美国一家大公司的总裁查尔斯·卢克曼曾经用 100 万美元请鲍伯·霍伯上广播节目。为什么鲍伯值如此"价格"？原来，鲍伯从不看赞赏他的信，只看批评他的信，因为他知道从批评中能学到东西。

有一位牙膏推销员，经常主动要求客户给他提意见。当他开始推销牙膏时，订单接得很少。他担心自己会失业，但他确信产品和价格都没有问题，所以他认为订单少，问题一定是出在自己身上。每当他推销失败，他就会在街上走一走，想想什么地方做得不对：是表达得不够有说服力，还是自己表现得不够热情？有时他甚至会折回去，问拒绝他的那位客户："我不是回来卖给你牙膏的，但我希望能得到你的意见与指正。请你告诉我，我刚才什么地方做得不妥？你的经验比我丰富，事业又成功。请给我一点儿指正，直言无妨，请不必保留。"这位推销员的态度后来为他赢得了许多友谊以及珍贵的忠告。他后来升任高露洁公司总裁，他就是立特先生。

只有学会主动自省的人，才能成为自己的"园丁"；只有善于自省的人，才能通过检讨自己的行为来激励自己；只有敢于自省的人，才能克服困难，开辟一片新的天地，重塑新的自我。

不是生活无奈多，而是心灵抱怨多

一些人常常处于"抱怨"之中，究其根源，不是因为他们生活本身的无奈多，而是他们心灵的负担太重，导致他们精神的压力过大。他们要想走出这种误区，就要学会走出抱怨的"怪圈"，以更加宽容的目光去看待事物，这样的话，也许一切就都不一样了。

生活中充满了各种各样抱怨的声音：妻子抱怨丈夫不体贴，父母抱怨孩子不上进，有人抱怨付出多收获少，有人抱怨工作不称心，还有人抱怨人生不如意……这些抱怨在很大程度上都是因为愿望和现实的差距造成的，其中有些抱怨更是因为好高骛远和不切实际造成的。但是，这些人几乎都没有问过自己：我为什么会有这么多的抱怨呢？

人对工作、对生活、对他人的抱怨与指责，大多源自于内心的不平衡感，于是抱怨变成了一种习惯。其实，要知道，在这个世界上，谁没有"风萧萧兮易水寒"的时候？谁没有"问君能有几多愁"的时候？无休止的抱怨，只会让心灵在困顿之余承受更多的负累与伤害。当抱怨成为一种习惯后，人的眼睛只会盯着生活中消极负面的事物，并将之无限扩大，就会产生悲观消沉的情绪，让自己的心灵失去轻松的状态，于是，抱怨就像传染病毒一样侵入全身，成为"心太累"的症结。

很多时候，过度抱怨不仅会让人的心灵备感疲惫，而且会把这种情绪带给周围的人。比如：晚上下班回家，一个人如果带着一脸的抱怨向家人倾诉自己在一天的工作中遇到了什么烦心的事、糟心的人等等，那么，他的家人也许都会随之陷入烦恼中，整晚的心情都可能受此影响而变得消沉。一个人如果总是抱怨，长此以往，当他真的有事情需要帮助时，也许就没人再愿意聆听他的倾诉了，他也很难真正获得自己心灵深处最需要的情感慰藉。

在生活中，人们之间的生活差距其实并不大，遇到的事情也差不多，并不是只有你一个人有"倒霉"之事，关键是你怎样去用心化解生活中的不如意。如果你将抱怨常常挂在嘴边，坏情绪就会变成煎熬，心就只能在黑暗的日子里"挣扎"。有一项调查表明，很多心理不健康的人，都是因为心灵中长期积累的抱怨情绪而导致自己整天心灰意冷。所以，人要心中长存感激之情，要懂得体会生活细节之美，这不但能让自己的心灵释然，而且能让自己更容易接受当前的生活状况。

葡萄牙作家费尔南多说："真正的心灵是我们自己营造的，就像我知道七大洲却没有真正去走过，但我可以走过属于我自己的第八大洲。"人如果希望自己的心灵轻松平稳，不被扰乱，就要学会用心灵和眼睛去发现和体会生活中的美好，要知道，快乐不是别人赠予的，也不是天上掉下来的，而是用自己美好感恩的心"酿造"出来的。

有个人住在一个小渔村里，那里交通不便，生活条件也很差，他整天可做的就是出海打鱼，挣取微薄的收入。每天也只有鱼虾可以充饥。渔村中到大城市见过世面回来的人问他："你住在这样一个小地方，一定觉得非常没意思吧？"

这个人说："不，我爱这里的生活。日出日落，潮起潮落，蓝天大海，清新的空气，还有出海远帆，都让我觉得生活非常美好。"

询问的人很惊讶，"真的吗？咱这里外面没有人愿意来旅游，很多生活在这里的人也都抱怨生活艰苦而出外了，你为什么有这种想法？"

这个人淡淡地说："别以为生活中这些熟悉的东西没有意思，如果你以一种享受的心态去体会，你会发现，在这里生活没有压力，心情很轻松，这难道不是一种享受吗？"

这个故事娓娓道出了一个哲理，那就是：在生活中，我们的身边其实并不缺乏美好，但我们往往对生活中的美好熟视无睹，甚至忽略。人如果忽略了美好，就少了欣赏的心态，心中的那份感恩就会越来越稀薄；当感恩的心不复存在了，抱怨也就接踵而至了。

所以，当我们无法改变既定的事实，无法改变别人的想法时，只能改变我们自己的心。抱怨之所以存在，不在于生活本身，而在于人的心。而让心变得轻松的砝码不在别人手里，而在自己"心"中，只要你的心足够开阔，足够平和，美好生活就近在咫尺。

做人不可"机关算尽太聪明"

中国古代的贤哲经常强调，做人不可太聪明，收敛锋芒才是明智之举。

《菜根谭》中写道："我不希荣，何忧乎利禄之香饵；我不竞进，何畏乎仕宦之危机？"意思是说：我如果不希求荣华富贵，又何必担心他人用名利作饵来引诱我呢？我如果不和他人争夺高下，又何必畏惧官场中潜在的宦海危机呢？

这是贤达以退求进的学问，也是立身处世最有用的"法宝"。

《菜根谭》中还写道："富贵家宜宽厚而反忌刻，是富贵而贫贱，其行如何能享？聪明人宜敛藏而反炫耀，是聪明而愚懵，其病如何不败！"意思是说：一个富贵的家庭待人接物应该宽容仁厚，可是很多人反而刻薄无理，担心他人超过自己，这虽然身在富贵人家，可是他们的行径已走向贫贱之路，这样又如何能使富贵之路长久地行得通呢？一个聪明人，本来应该保持谦虚有礼、不露锋芒的态度。但如果夸耀自己的本领高强，表面看来好像很聪明，其实他的言行跟无知的人并没有什么不同，那么他的事业到时候又如何能不受挫、不失败呢！

在《红楼梦》一书中，形容凤姐时说"机关算尽太聪明，反误了卿卿性命"，说明咄咄逼人、不让不退、所谓精明的人，结局往往不会好。

《红楼梦》第四十六回有这样的情节：

凤姐因邢夫人叫她，不知道是什么事，就穿戴了一番，坐车过来。

邢夫人将房内人遣出，悄悄地对凤姐说："叫你来不为别的，有一件为难的事，老爷托我，我不得主意，先和你商议：老爷因看上了老太太屋里的鸳鸯，要她在屋里，叫我和老太太讨去。我想这倒是常有的事，就怕老太太不给。你可有法子办这件事么？"

王熙凤万万没想到，婆婆将这样一件尴尬事推到自己面前。一方面，婆婆交办的事不好推托；另一方面，鸳鸯是贾母最信任的大丫头，如果插手此事，肯定会得罪贾母，更了不得。凤姐想了想，决意采取巧妙的办法，避免自己介入这件尴尬事。她对邢夫人笑着说："依我看，竟别碰这个钉子去。老太太离了鸳鸯，饭也吃不下去，那里舍得了？太太别恼：我是不敢去的。老爷如今上了年纪，行事不免有点儿背晦，太太劝劝才是。比不得年轻，做这些事无碍。如今兄弟、侄儿、儿子、孙子一大群，还这么闹起来，怎么见人呢？"

王熙凤企图用这些话打消邢夫人帮贾赦占有鸳鸯的念头。但是，禀性愚弱、只知奉承贾赦以自保的邢夫人却仍坚持，邢夫人道："大家子三房四妾的也多，偏咱们就使不得？我劝了也未必依。我叫了你来，不过商议商议，你先派了一篇的不是！也有叫你去的理？自然是我说去。你倒说我不劝！你还是不知老爷的那性子的！劝不成，先和我闹起来。"

王熙凤知道再劝下去，婆婆就会对自己有看法，忙将言语做个大幅度调整："太太这话说的极是。我能活了多大，知道什么轻重？想来父母跟前，别说一个丫头，就是那么大的一个活宝贝，不给老爷给谁？我先过去哄着老太太，等太太过去了，我搭讪着走开，把屋子里的人我也带开，太太好和老太太说。给了更好，不给也没妨碍，众人也不能知道。"

王熙凤这番话既为自己脱身，又为邢夫人出谋划策。邢夫人见她这般说，便又欢喜起来，说道："正是这个话了。你先过去，别露了一点风声，我吃了晚饭就过去。"

凤姐心里暗想："鸳鸯素昔是个极有心胸气性的丫头，保不准她愿意不愿意。我先过去，太太后过去，她要依了，便没的话说；倘或不依，太太是多疑的人，只怕疑我走了风声。那时太太见又应了我的话，羞恼变成怒，拿我出起气来，倒没意思。不如同着一齐过去了，她依也罢，不依也罢，就疑不到我身上了。"这样做，既避免贾母怀疑她与邢夫人勾结，又避免邢夫人怀疑她从中作梗。

于是，凤姐儿向邢夫人撒起谎来："才我临来，舅母那边送了两笼子鹌鹑，我吩咐他们炸了，原要赶太太晚饭上送过来。我才进大门时，见小子们抬车，说：'太太的车拔了缝，拿去收拾去了。'不如这会子坐我的车，一齐过去倒好。"

邢夫人见凤姐说的在理，便命人来换衣裳。凤姐儿忙着扶持了一回，娘儿俩坐车过来。

到了贾母住的门口，凤姐又说："太太过老太太那里去，我要跟了去，老太太要问起我过来做什么，那倒不好。不如太太先去，我脱了衣裳再来。"

邢夫人哪里知道，王熙凤以换衣服为借口逃离了"是非之地"，自己巧妙地躲开了。邢夫人先与贾母说了一回闲话，然后到鸳鸯的卧房向鸳鸯摊了牌，结果碰了一鼻子灰。鸳鸯最后哭闹着来到贾母面前，表示了誓死不离贾母的决心。

此时的贾母果然不出所料，气得浑身打战，把在场的人不分青红皂白地臭骂了一顿："我统共剩了这么一个可靠的人，你们还要来算计！外头孝顺，暗地里盘算我！剩了这个毛丫头，见我待她好了，你们自然气不过，弄开了她，好摆弄我！"邢夫人被贾母数落得满脸通红，浑身感觉不自在。

后来，王熙凤也来到了现场，贾母责怪她几句，她便用早已想好的几句中听的话哄得贾母没了脾气。

王熙凤为人处世看似很精明，但是，她尽管心思缜密，"机关算尽"，但活得并不开心，到后来家族破败，她锒铛入狱，下场很惨。

人"精明"不是坏事，但"精明"不等于"便宜"占尽。做人要宽容，因此，人在生活中不能处处太"精明"，古人讲："进步处便思退步，庶免触藩之祸；着手时先图放手，才脱骑虎之危。"也就是说：当事业顺利进展时，应该想想有无危机，以免将来像山羊角去抵篱笆却被夹在篱笆里一般，把自己弄得进退两难；当刚开始做某一件事时，就要预先策划好在什么情况下应该"罢手"，才不至于以后像骑在老虎身上一般，无法控制形成的危险局面。这才是真的大智慧。

很多时候，不舍弃鲜花的绚丽，就得不到果实的香甜；不舍弃黑夜的温馨，就得不到朝日的明艳。人生同样如此，在舍与得的交替中得到升华，从而到达高层次的大境界。

放下名利，把握生命的真义

"世人都晓神仙好，惟有功名忘不了！古今将相在何方？荒冢一堆草没了。世人都晓神仙好，只有金银忘不了！终朝只恨聚无多，及到多时眼闭了。"这是《红楼梦》的开篇偈语，似乎在诉说繁华锦绣里的一段公案，又像是在告诫人们名利世界中的冷暖。

"人生是什么"这个命题千百年来人们争论不休，但名利乃"身外之物"，生不带来，死不带去，却是至理名言。

名，是一种荣誉，一种地位。名常常与利相连，人有了名，就可能享受更大的权力；所以，很多人常以为有了名，便会万事亨通。在他们看来，名与利是最"诱人"的，他们立足于社会、搏击人生的动力亦来自于此。其实，人适当地追求名利，让生活变得美好，并没有什么不妥，但若把名利看得太重，则必将被名缰利锁所困扰、所束缚。

世界上没有不为名利的超人，只有善待名利的智者；智者之所以能够善待名利，是因为他们有着一种常人不及的品质——淡定、淡泊。俗话说："雁过留声，人过留名。"谁都不想默默无闻地活一辈子，自古以来胸有大志者多把求名、求官、求利当作终生奋斗的三大目标。三者能得其一，对很多人来说已经终生无憾；若能尽遂人愿，更是幸运之至。然而，从辩证法角度看，有取必有舍，有进必有退，有一得必有一失，人的任何获取都需要付出代价，而付出代价要看值不值得。

世上的很多"名利"都是绑在人身上的"绳子"，很多人受这种"绳子"的束缚，明知难受，却不肯挣脱或松开，到头来被"绳子"越困越紧。而智者能看透名利背后的"危机"、"危险"，懂得自己远离名利或自己解开"绳子"，将功名利禄置之度外，追寻自己想要的简单生活，怡然自乐。

现实生活中有不少这样的人：当名利尚未得到时，他们会尽心竭力、努力经营，甚至把名利当作自己生命的支柱而孜孜以求；待名利得到后，他们还要"机关"算尽、战战兢兢、如履薄冰，唯恐一个闪失丢名失利。这些过分追求名利的人，常常将自己弄得身心憔悴，未老先衰，他们之所以宁愿承受如此这般的"折磨"，就是因为缺少淡泊名利、笑看人生的心态。

古时候，有一个农夫初次到另一个村庄办事，可是交通不便，他只能徒步行走。这农夫走啊走啊，穿过一大片森林后发现，要到达另一村庄，还必须经过一条河流，不然的话，就得爬过一座高山。怎么办呢？是要渡过这条湍急的河流呢，还是辛苦地爬过高山？

正当这农夫陷入两难时，他突然看到附近有一棵大树，于是就用随身携带的斧头把大树砍下，将树干慢慢地砍凿成一个简易的独木舟。这个农夫很高兴，也很佩服自己的聪明，于是他很轻松地坐着自造的独木舟到达了对岸。上岸后，农夫又得继续往前走；可是他觉得，这个独木舟实在太管用了，如果丢弃了，实在很可惜！而且，万一前面再遇到

河流的话，他又必须再砍树，辛苦地凿成独木舟，很累人。所以，这个农夫决定把独木舟背在身上，继续往前走，以备不时之需。

这个农夫背着独木舟，累得满头大汗，步子也愈走愈慢，因为这独木舟实在是太重了，压得他喘不过气来。这农夫边走边休息，有时真的很想把独木舟扔了。可是，他舍不得，心想，既然已经背了好一阵子，就继续背吧，万一真的遇到河流，就可以派上用场。这农夫一直汗流浃背地走，然而，走到天黑，他发现一路上都很平坦；在抵达另一个村庄前，都没有再遇到河流。可是，他却比不背独木舟多花了三倍的时间才到达目的地。

在生活中，很多人如同上面故事中的农夫一样，总是执迷不悟地追求或过分看中不必要或多余的东西，比如，费尽心机地追求功名富贵，但结果却事与愿违，到头来白白辛苦了一场，一无所获，又让自己筋疲力尽。实际上，摆脱名利的束缚，追求简单的生活，才是明智而快乐的选择。

在如今全球化时代竞争激烈的市场经济下，客观地说，求名并非坏事。一个人有名誉感就有了进取的动力；有名誉感的人同时也有羞耻感，不想玷污自己的名声。但是，什么事都不能过分，比如，有人为了得到更多的财富，为了获得更高的名誉、地位，不择手段，结果名誉、地位没求来，自己反倒臭名远扬，被绳之以法，这是真正的得不偿失。

孟子说："养心莫善于寡欲。其为人也寡欲，虽有不存焉者，寡矣；其为人也多欲，虽有存焉者，寡矣。"意思是说，如果一个人心中的欲望是很有限的，那么对于他来说，由外面获得的东西是多是少都不会助长他的欲望；而若一个人心中充满无尽的欲望，那么，他永远也不会有快乐幸福的时候。人倘若在名利的驱动下，一心想着"往上爬"、"挣大钱"、"出人头地"，那么，名利增长了以后，他的欲望会再一次膨胀，如此循环下去，他会永远追求着名利，直至生命的尽头仍然不满足。

所以，我们要从"自我"的小圈子里跳出来，从欲望的束缚中解放出来，把名利看淡一些，尽量简单地生活。人的一生，更重要的是为了公众事业，民族和国家的利益，为了家庭的和睦，为了自我人格的完善，认认真真地做事，不为虚名私利而活。人只要为社会做出了自己的贡献，就证明他活得有价值，就自然会获得一定的荣誉，就会享受到人生真正的快乐与幸福。

以正心修身，以宁静致远

现代社会，竞争激烈，同时人们也多了一分浮躁。倘若不在纷繁复杂的世界中把自己的心态放平，那么，我们的内心就会被细枝末节所困扰而波澜不断，做什么事情都会心浮气躁，难得安宁。

为人最难能可贵的就是排除世事的纷扰，保持一种冷静的态度。古人说：宁静以致远。成大事者需要淡泊宁静的心境，切忌浮躁。人只有真正静下心来，才能收起浮躁心，才能对人生有所领悟。

宁静不但能给人们带来心灵上的安宁，也能让人们享受到生活的乐趣。一壶小酒在手，看世间荣华，阅人间沧桑，任人情冷暖，这种宁静的洒脱，是做人的最高境界。

很多时候，人们的内心为浮华所困，人们的情绪被浮躁所俘。很多人行色匆匆地奔走于人潮汹涌的街头，浮躁之心倏然而生，却找不到一个可以冷静驻足的机会。在现代社会，很多人在追求效率和速度的同时，从容也在逐渐丧失；而欲望则在繁忙与喧嚣中不断提醒人"快跑"。物的欲望在慢慢"吞噬"人的灵性和光彩，人留给自己内心的空间被压缩到最小，狭隘到已没有"风物长宜放眼量"的胸怀和眼光。于是，有些人开始出现种种千奇百怪的心理扭曲，再也得不到心灵的平衡。

现今，很多人惯于为自己做各种周密而细致的"盘算"，权衡着各种可能有的收益与损失，但是，他们往往忽视了去听一听自己内心的声音。繁忙紧张的生活使人心境失衡，患得患失，不能以宁静之心面对无穷无尽的诱惑，于是人时常迷惘躁动，加重生命的负荷，让快乐生活从此与自己无缘。在生活中，唯有宁静的心灵，才能让人不至于"眼热"权势显赫，奢望金银成堆，羡慕美宅华邸。

有这样一个故事：

老街上有一位卖铁锅、菜刀和剪子的老人。他的经营方式非常古老和传统。人坐在门内，货物摆在门外，不吆喝，不还价，任人自取，自给价，晚上也不收摊。人们从这里经过，常看到老人在竹椅上躺着，手里拿着一个半导体收音机，身旁是一把紫砂壶。他的生意也没听说有好坏之分。后来，人们才知，每天的收入正够他喝茶和吃饭。但他说："老了，已不再需要多余的东西，我很满足。"

一天，一个文物商人从老街上经过，偶然看到老人身旁的那把紫砂壶，那壶立即吸引了他的目光，因为那把壶古朴雅致、紫黑如墨，有清代制壶名家戴振公的风格。文物商人走过去，端起那把壶，发现壶嘴内有一记印章，果然是戴振公的。文物商人惊喜不已，因为戴振公在世界上有"捏泥成金"的美名，据说他的作品现在市面上仅有三件的下落，一件在美国纽约州立博物馆里，一件在台北故宫博物院，还有一件在泰国某位华侨手里，是该华侨1993年在伦敦拍卖市场上以16万美元的拍卖价买下的。

文物商人端着那把壶，想以10万元的价格买下它。当他说出这个数字时，老人先是一惊，然后拒绝了，因为这把壶是他爷爷留下的，他们祖孙三代打铁时都喝这把壶里的水。壶虽没卖，但商人走后，老人有生以来第一次失眠了。这把壶他用了近 60 年，一直以为是把普普通通的壶，现在竟有人要以 10 万元的价钱买下它，他"转不过神"来。

过去他躺在椅子上喝水，都是闭着眼睛把壶放在小桌上，现在他时不时就要坐起来看一眼壶，这让他非常不舒服。特别让他不能容忍的是，当人们知道他有一把价值连城的茶壶后，他的门前就变得拥挤不堪了，有的人问还有没有其他宝贝，有的人甚至开始向他借钱，更有甚者晚上竟然来敲他家门。老人的生活被彻底打乱了，他不知该怎样处置这把壶。

当那位文件商人带着 20 万元现金第二次登门的时候，老人再也坐不住了，他招来左右店铺的人和前后邻居，拿起一把斧头，当众把那把紫砂壶砸了个粉碎。后来，老人还是卖铁锅、菜刀和剪子，据说他安然活到了 100 多岁。

故事中的老人为了得到心的安宁，毅然把价值几十万的古董砸碎，这对于一般人来说是难以理解的。但老人之所以这么做，是因为他追求的不是金钱多少、财富几何，而是心灵的宁静。

宁静可以沉淀出生活中许多纷杂的浮躁，过滤掉许多浅薄粗陋，避免许多私心杂念的困扰。宁静是一种气质，一种修养，一种境界，一种内涵。人安之若素、冷静从容，往往比气急败坏、声嘶力竭更显涵养和理智。

无论是晴空万里、艳阳高照，还是乌云密布、风急雨骤，沧海桑田，命运多舛，外在因素的变换对心灵宁静的人不会产生太大的影响，因为他们有巨大的心灵力量，让他们能以"正心"来"修身"，以"宁静"而"致远"，以己之光，泽被四方。综观古今中外，心灵真正宁静的人，方能"运筹帷幄之中，而决胜千里之外"。

所以，当你被错综复杂的所谓名利弄得焦躁不安时，请一定要学会用心灵的力量对自己说一声"要平和，要冷静"，这样，你就能增强自我控制的力量，保持平心静气，朝自己的目标有条不紊地前进。

认真做人，认真做事

一个人，不管从事什么职业，是从艺还是经商，是务农还是做工，都不能粗枝大叶、马马虎虎、凑凑合合。

美国成功学家马尔登说过，马马虎虎、敷衍了事的心态，可以使一个亿万富翁很快倾家荡产。相反，追求细节的精确与完美，才是成功者的个性品质；每一个成功人士哪怕一件小事都会认认真真、精益求精地对待。马尔登曾讲过这样一个故事：

旧金山一位商人给他的老板发电报报价："一万蒲式耳大麦，单价一美元。价格高不高？买不买？"老板指示发报员的原意是要说"不，太高。"可是电报员却漏了一个逗号，成了"不太高。"结果使得商人的老板损失了1000美元。

一家皮货商订购一批羊皮，在合同中写道："每张大于四平方尺、有疤痕的不要。"其中的顿号本应是句号，结果错写了标点，供货商钻了空子，发来的羊皮都是小于四平方尺的，使订货者哑巴吃黄连，有苦说不出，经济损失惨重。

可见，"粗心"、"懒散"、"草率"，绝不是小缺点、小毛病，有时甚至会影响甚重。这样的人也很难有什么大的作为。

相反，做事认真，则能帮助人获得成功。法国作家大仲马有一个朋友，他向出版社投稿经常被拒绝。这位朋友就来向大仲马求教。大仲马的建议很简单：请一个职业抄写人把他的稿子干干净净誊写一遍，再把题目做些修改。这位朋友听从了大仲马的建议，结果他的文章被一个以前拒绝过他的出版商看中了。可见，再好的文章，如果书写太潦草，又有谁会有耐心去拜读呢？

美国著名演员菲尔兹曾说："有些妇女补的衣服总是很容易破，钉的扣子稍一用力就会脱落；但也有一些妇女，用的是同样的针线，而补的衣服、钉的纽扣，你用吃奶的力气也弄不掉。"做事是否认真体现出一个人的态度。只有有着严谨的生活态度和满腔热忱的敬业精神的人，才会认真对待每一件事，不做则已，要做就一定尽心尽力地做好。这样的人往往会得到别人的信任，为自己打开成功之门。

1985 年，卡菲里在西雅图维尤里奇学校当图书馆员时，有一天，一个四年级老师来找卡菲里说，她有个学生总是最先完成功课，他需要干点儿别的对他有挑战性的工作。"他可以来图书馆帮忙吗？"她问道。"带他来吧。"卡菲里说。

不一会儿，一个穿着牛仔裤和圆领衫、长着沙色头发的清瘦男孩进来了。

卡菲里向他介绍了杜威十进制分类藏书法。男孩很快明白了。然后，卡菲里让他看了一堆卡片，上面的书目都是逾期很久未归还的。但卡菲里怀疑这些书其实已归还，只是夹错了卡片或放错了地方，需要查找核实一下。

"这是否有点像侦探工作？"男孩眨着眼睛兴奋地问。

卡菲里说："是的。"

于是，男孩劲头十足，像个真正的侦探似的干开了。

当卡菲里进来宣布"休息时间已到"时，男孩已发现了三本夹错卡片的书。男孩还想继续把活干完，但卡菲里说他得出去呼吸一下新鲜空气。卡菲里说服了男孩。

第二天早晨，男孩很早便来了。"我想今天把夹错卡片的书全找出来。"他说。下午下班前，男孩问卡菲里，他是否已够格当个真正的图书馆员，卡菲里说是的。因为男孩实在是勤奋认真得可以。

几星期后的一天，卡菲里在办公桌上发现了张请柬，是那个整理图书的男孩请他去家里吃晚饭。

在那场愉快的晚宴结束前，那个男孩的妈妈宣布，他们全家将搬到另外一个地区去住。她还说，她儿子最舍不得的就是维尤里奇图书馆。

"今后谁来找遗失的书呢？"男孩问。

到男孩搬家时，卡菲里很不情愿地同男孩分了手。

这男孩乍一看似乎很寻常，但他做事的那种专注和认真却让他显得与众不同。卡菲里万万没料到的是，那个男孩日后会成为信息时代的奇才，他就是因创办微软公司而改变全世界的比尔·盖茨。

认真而不浮躁的精神，其实质是对自己、对他人、对家庭和对社会的高度责任感。不浮躁，需要的是耐心。

《围炉夜话》一书把处事心浮气躁、耐不得麻烦视作一个人最大的缺点。是的，许多人做事只图快，只图省力气，怕麻烦，结果做出的"成果"必然是经不起检验的。

人做事缺乏耐性、不认真，还有深层次的原因。《书摘》杂志曾刊登过一篇文章，题为《风格与耐性》。文章中说："当金钱逐渐成为衡量价值的唯一的标尺时，我们的时代不能不变得浮躁起来。……维也纳的伯森多费尔钢琴，当初出自一家默默无闻的小厂，因为李斯特而扬名。成为名牌后，100多年来他们始终以传统手工艺为主，生产一台专用三角钢琴的工艺流程需要62个星期。而国内近年来兴起的钢琴狂热，一个早晨就可以冒出几十上百家钢琴厂，而年产几百上千台的厂家也并不稀奇。对比一下，一个是为了商业和音乐的崇高永恒，一个是为了纯粹的经济效益。"此文章还提到北京的一座现代味十足的饭店建筑，被列为北京的新十大建筑之一。但一位建筑行家指出，这座建筑的做工过于粗糙，工人的技艺太差，而相比之下老一代工人则有着卓越的技艺。文章作者问："我们失去的仅仅是一种技术吗？"

文章作者慨叹，这种浮躁的风气表明"我们越来越缺乏耐性了"。而"一个人没有耐性就是一个不健康的人，一个民族缺乏了耐性就是一个不健康的民族。我们与其天天呼唤着产品质量，倒不如好好地呼唤一下耐性。金钱正在大口大口地吞噬着我们的耐性，把我们搞得无比浮躁。这的确很危险"。所以说，"浮躁"、"缺乏耐性"，都是为人做事不认真、充满"粗浮心"的突出表现。而之所以如此，一个重要原因，就是急功近利。

一个人能否认真做事，不但是行为习惯的问题，更反映着一个人的品行。很难想象一个整天只图自己安逸和舒服，只想走捷径取巧发财的人，会不辞劳苦地、耐心地、认认真真地去做好该做的事。认真做事的前提，是认真做人。

世界上怕就怕"认真"二字。做事细心、严谨、有责任心、追求完美和精确，是认真；做人坚持"正道"，不随波逐流，不为蝇头小利所惑，"言必信，行必果"，是认真；在生活中重秩序、讲文明、遵纪守法，起居有节、衣着整洁、举止得体，也是认真。

认真就是不放松对自己的要求，就是严格按照"真、善、美"的原则办事做人，就是在别人苟且、随便时，自己仍然坚持操守、负责任，就是有高度的责任感和敬业精神，就是有一丝不苟的做人态度。认真而不浮躁的人受人尊敬和信任，认真的人办事效率高过那些不认真的所谓"快手"。所以，从做人上讲，养成认真的习惯会帮助人们获得人生最大的成功。

要想心静，先除"心杂"

人人都在寻找幸福，但很多人在很多时候，却感觉不到幸福，这往往是因为他们杂念太多，想法太多。当心灵不再受单纯意念的支配时，人就很容易被太多的杂念所困扰。

有这么一则故事：

两个人外出来到一条大河边，忽遇一位美丽的女子焦急地站在河边，两人一打听才知道，这位女子正打算过河去探望生病的母亲，可是又无法过河。

甲二话没说，答应将女子送过河去。面对甲的好心，女子虽然觉得男女有别，但为了能顺利过河，还是接受了甲的帮助。

将女子背过河后，甲返回对岸找到乙，继续赶路。走着走着，乙终于忍不住问道："你说你清心寡欲，不近女色，那你刚才为什么还要背着那女子过河呢？"

甲听后淡淡地说："在我的眼里，那女人只是一个需要帮助的求助者而已，过河后，我早已把她放下了，你为什么还对这事心有负累呢？"

乙听了甲的话，不再说话，内心不禁对甲大为佩服起来。

甲的话虽然简单，却蕴含着一个深刻的道理——要想"心静"，先除"心杂"。

平日中，人们喊累，人们说"心烦"，有些人甚至为此影响了身体的健康，其实这都是"心太杂"的结果。试想，一个人如果心中长期被欲望、杂念、"不舍"充满，又怎能活得轻松呢？

在现实生活中，很多人常常是这样的：看到别人住别墅开跑车，便叹息自己生活潦倒拮据；看到别人飞黄腾达，便叹息自己生不逢时；看到别人夫妻恩爱，便叹息自己遇人不淑……

他们因为有了这种种不平衡的心理，于是有了无止尽的杂念盘旋在心头，这样一来，他们又怎能活得轻松、活得快乐呢？

古人说："无虑在怀为极乐。""无虑在怀"，其实就是心中没有杂念的意思。人的一生若真的能达到心清无扰的境界，便能快乐无边了。

消除心灵的杂念，在于营造心灵的"寄托"。

已经离世的美国灵歌之父雷·查尔斯，被美国最权威的乐评杂志称为"伟大的音乐家"、"心无杂念的灵魂歌唱家"。这些实在是很高的评价。常言道：水至清则无鱼。看雷·查尔斯本人的经历，他也曾沉迷于女人和金钱中不可自拔，还有过吸毒史。但是，他的音乐让他的心灵最终归于宁静。在他一边弹钢琴一边歌唱的时候，他的心灵和他的歌声，在那一瞬间忽然变得轻灵而干净，没有丝毫杂质，澄澈得如同刚下过雨的湛蓝天空。透过雷·查尔斯的经历，我们不难看出，走出心灵的杂念，是可以做到的。

有些人可能会说，任何一个活在社会中的人，不可能没有私心杂念，谁都无法做到每时每刻都心无杂念。是的，有杂念不可怕，有些杂念也正常，只是不能让杂念时时刻刻挂在心头，把心紧紧桎梏在焦虑中。一个人在漫长的一生中，

下篇　心纯至真

207

总应该有那么一刻，哪怕只是很短暂的时间，达到物我两忘、一览众山小的境界，这样才算没有虚度生命。

雷·查尔斯的经历为我们提供的一个参考做法是：用自己喜爱的音乐作为心灵的寄托，让音乐成为和杂念"抗衡"的武器。就算心灵再嘈杂，人也一样可以用自己的爱好让杂念暂时消遁，让心得到瞬间的平衡。

心灵寄托，不一定是多么崇高的理想或追求，不一定非要有多么成功的事业。人心灵的慰藉，可以是平常的爱好，比如健身、旅游、垂钓、阅读等等，只要让心宁静、平和，就能让我们在杂念丛生之时有一种希望、一种安慰。

要做到消除杂念，人就要学会不对自己过分苛求。人生中不是所有的事情都圆满而尽如人意的，有些事情是凭自己的能力可以做好的，有些事情则是自己永远都无法做到的。所以，人应该把人生的目标定在自己能力所及的范围之内，给自己一个圆满完成目标的可能。这样，他的心情自然会轻松愉悦起来。

学会调控情绪，排除不良情绪，是避免杂念丛生的最好办法。一种积极乐观的情绪状态，可以让人心情豁然开朗，轻松稳定，对生活充满动力与信心。因此，人在生活中要学会调整自己的情绪，遇到不顺利的事，不妨换一种角度和心态思考问题，不要胡思乱想，与其在胡思乱想中消耗精力，不如想办法去解决问题。可以向朋友、亲人倾诉，可以积极参加一些集体活动，可以去营造好的人际关系，慢慢地，你会发现，生活是充满阳光的。

不要轻信别人的谗言，不要在意别人的流言，要有自己的主见，给心灵一份坚定的信念，只有自己平和冷静，淡对名利，人的心才不会被杂念占据。

一本好书，一份真情，可以去除杂念；一些豁然，一些境界，可以去除杂念；一种心态，一种信仰，可以去除杂念；一点儿寄托，一点儿乐观，可以去除杂念。试着找些方法，让杂念不再存在。

调整行进脚步，真心欣赏生活

有这样一句话：人生总在刻意中失去，而在不经意间获得。

很简单的一句话，可是其中蕴含的哲理有多少人可以真正透彻地领悟呢？当人越是急切地想得到某样东西时，却往往事与愿违。急功近利是眼下一些人心情浮躁的最大原因。

急功近利的人，往往会一叶障目，不见泰山，为了摆脱眼前的状况，可以不顾未来的利益；急功近利的人，总是瞪着一双充满贪欲的眼睛，死死地盯着"名利"二字，成天绞尽脑汁，投机取巧，而且忙忙碌碌。急功近利的人，虽与好高骛远者殊途，却同归，也许一时得利，却活得太累，不可能体会到生活中悠然自得的快乐。所有的急功近利，无论年轻人的急躁、中年人的急进、老年人的急迫，莫不如此。

孔圣人说：欲速则不达。一个人要想体会到生活中更多的快乐和幸福，首先必须放慢急切的脚步，让心灵轻装前行，这样才能释然、安然，充分发挥正能量，展示真美善的天性，而这也才是人生中最有意义的事情。

弓弦如果不放松，就会失去弹性；人要充分享受人生，就一定要学会放慢脚步。当你停止疲于奔命时，你会发现生命中未被发掘的美；当你的生活陷入永无止境的奔忙状态时，你永远都无法体会到身边点滴的幸福。一位哲学家通过对比向弟子们阐释了这个道理：

一天，哲学家率领众弟子走到街市上，整个街市车水马龙，叫卖声不绝于耳，一派繁荣兴隆的景象。走了一段后，哲学家问弟子："刚才你们所看到的商贩中，哪个面带喜悦之色呢？"一个弟子回答道："咱们经过的那个鱼铺，买鱼的人很多，主人应接不暇，脸上一直漾着笑容。"

这位弟子话还没说完，哲学家便摇了摇头，说："为利欲的心虽喜却不能持久。"

哲学家率众弟子继续往前走，前面是一大片农舍，鸡鸣桑树，犬吠深巷，三三两两的农人穿梭忙碌着。哲学家让众弟子四散观察。一段时间之后，弟子们回来了，哲学家又问弟子："刚才你们所见的农人之中，哪个看起来更充实呢？"

一个弟子上前一步，答道："村东头有个黑脸的农民，家里养着鸡鸭牛马，坡上有几十亩地，他忙完家里的事情，又到坡上侍弄田地，一刻也不闲着，忙得汗流浃背，这个农民应该是充实的。"

哲学家略微沉吟了一阵子，说："来源于琐碎的充实，终归要迷失在琐碎当中，这不是最充实的。"

一行人继续往前走，前面是一面山坡，坡上是云彩般的羊群。一块巨石上，坐着一位面容枯槁的老者，他怀里抱着一杆鞭子，正在向远方眺望。哲学家随即止住了众弟子的脚步，说："这位老者游目骋怀，是生活的真正主人。"

众弟子面面相觑，心想：一个放羊的老头，可能孤独无依、衣食无着，怎么会是生活的主人呢？哲学家看了看迷惑不解的弟子，朗声道："难道你们看不到他的心灵在快乐地散步吗？"

当心灵被欲望驾驭时，请让心灵保持"壁立千仞，无欲则刚"的信念；当心灵被疲惫围困时，请让心灵感受"人间四月芳菲尽，山寺桃花始盛开"的芬芳。

人调整生活行进的节奏，让浮躁的心闲适下来，会让自己有心情"看生活"。

苏轼在纷扰的官场中困苦不已，他把浮名换作钓丝，在心灵的河流中垂钓属于自己的自由；他在山林中且歌且行，在巨浪滔天、汹涌澎湃之中吟唱出"大江东去浪淘尽，千古风流人物"的壮阔人生最强音。

浑浊的官场让陶渊明疲惫不堪，但他能"面朝大海，春暖花开"，于夕阳西下时，"采菊东篱下，悠然见南山"。

生命是美好的，人生是美好的，我们要脚踏实地地去追求美好的人生。当我们的心灵被现实的快节奏"搓揉"得疲惫不堪时，请为心灵找一方自己的"桃花源"，放慢前进的

步伐。只有这样，我们才能在追逐理想的道路上不迷茫、不因小失大，生活也才能更加充实，更加丰富多彩，我们的心态也将永远年轻！

沉淀心灵，平和安好

生活就像是一场戏，每个人都在其中不断上演着属于自己的喜怒哀乐，但是无论这部戏最后是怎样的结局，人都得接受"戏中"所有的一切；生活像是一杯酒，每个人都在不断品尝着自己那杯酒独有的味道，但是无论这杯酒是苦还是甜，人都要把它喝下去；生活像是一场梦，梦中与现实的差别太大太大，但是无论梦怎么美，人都要醒来面对现实带给自己的一切。

每个人都有属于自己的生活，每个人都在过着自己独有的日子，但在这其中谁都无法确保生活会一帆风顺，在人生的河流中，人会遇到逆流，也会遇到狂风暴雨，但是无论处于什么样的状态，都要坦然接受。

接受生活中所有的快乐，因为这是上天赐予人们最好的

礼物，快乐会让人的人生变得更有意义；接受生活中所有的磨难坎坷，因为这也是上天赐予人的"礼物"，磨难坎坷会让人变得更坚强，磨难坎坷会让人更快地成长。

有这么一个故事：

一群学生去教授家里做客，学生们都对自己的处境非常不满，每个人都有很大的压力。教授听后什么都没说，只是拿出家里各式各样的杯子让学生们自己取杯子倒水喝。

学生们很认真地挑选着自己喜欢的杯子，选到自己喜欢的杯子的学生非常高兴，那些没有选到自己满意的杯子的学生却有些不高兴，而对水并不是很在意。

教授看在眼里，问道："你们选杯子的目的是什么？"

学生们不假思索地回答："喝水呀！"

教授说："其实选杯子就和生活一样，生活是你们要喝的水，名利地位只不过是盛水的杯子而已，假如你们把注意力都放在了杯子上面，那么，哪还有心情去注意水的滋味呢？"

学生们听后，恍然醒悟。

是的，拥有一个漂亮的杯子对于很多人来说是拥有了一份快乐，但是比那外在更快乐的事情是：能够把一杯平平淡淡的水"喝"得有滋有味。

其实，换个角度想想，我们每个人都拥有很多很多美丽的"杯子"，世界上的大爱与大美、他人的成功与辉煌、社会的进步和精彩，这些都是美好的风景。这个世界上的阳光雨露对每个人都公平给予，鸟语花香对每个人都平均分配，人若是烦恼太多，一定要反省自己，看看自己是否懂得生活，是否因为注重外在放弃了内心的体味。

别人固然拥有你所没有的，但是你同样也拥有别人所不曾拥有的。事实上，自己园子里的花和别人庭院里的花一样美丽。我们总在羡慕别人的花，却有没有发现别人同样在欣赏我们的花呢？

胖人拥有富态和丰满，瘦人拥有苗条和婀娜，明星有明星的享受，常人有常人的自在。人们生活在同一片蓝天下，呼吸着同样的空气，经历着同样的时代，每个人都有幸福的

权利，每个人的幸福也都是平等的。

有句话说得好："野百合也会有春天。"幸福可能会早来，也可能会晚来，但绝不会"缺席"。我们就算再普通、再平凡，也总有属于自己的幸福生活。也许此刻我们没有实现自己的理想，但在下一刻也许就会迎来机会。我们完全没有必要去羡慕别人，因为我们的幸福如果没有来临，那一定是还在路上。

因此，与其看着别人浇灌自己的幸福之花，不如坚信自己的蓓蕾蕴藏着同样的幸福，而属于自己的那朵花总有一天会开得同样绚烂！

其实，每个人的处境都不同，别人的幸福我们也许永远无法模仿。与其仰望别人的幸福，不如好好算算上天给自己的恩典。静下心来正视自己的生活，也许幸福之花正在自己身边发芽！

美国前总统林肯说："对于多数人而言，他们认定自己有多幸福，就有多幸福。"著名畅销书作家于丹女士说："你感觉幸福，就是幸福。"一个人如果不愿意给自己一个幸福的认可，就会与幸福擦肩而过，从而成为仰望别人幸福的无奈"看客"。

人生是一条不可逆转的单向河流，在这条河流奔向大海的过程中，不是每个人的人生都能赢得最热烈的掌声，但是每个人人生的每一步都可以踏实走过，每个人都能够接受生命赐予自己的一切，快乐面对每一天。

人要接受自己的生活，就像接受自己的出身一样——虽然我们很多人都是普通人，没有显赫的背景，但正是因为这样，我们才更需要为自己将来的人生而努力拼搏。别人拥有的，我们一样可以拥有；别人没有的，只要我们努力一样可以拥有。有些人或许从一开始就比我们的起点高，但没有关系，只要拼搏就有收获，只要奋斗就会有成功的可能。我们所能做的是，不抱怨也不哀叹，接受自己的生活，用自己的行动让自己的生命焕发应有的活力。

下面故事中的艺人我们可能都很熟悉，这也是一个接受自己不美好的生活并且努力改变生活的典型事例。

她出生于一个贫苦家庭，父亲在她很小的时候就去世了。母亲一个人靠着经营那勉强维持生济的歌舞团独立养育四个儿女，在这样的生活条件下，她五岁时便开始登台演出了。

小小的她拥有独特的表演天赋，她在那个时候帮了妈妈不少忙。但随着年龄渐大，她既要表演又要兼顾学业，并且在那个时代，像她这样具有音乐天赋的孩子并不被人们认同，相反，同学们耻笑她是个"歌女"，很多同学甚至断绝了与她的来往。但她从来都没有嫌弃过自己的出身。经过自己的不断努力以及扎实的演艺功底，她在 1982 年中国香港新秀歌唱大赛中以一曲《风的季节》夺得大赛冠军。从此以后，她踏入了娱乐圈，走上了歌坛。

历经坎坷的她渐渐获得了属于自己的成绩：在音乐上，她是乐坛和影坛巨星，她以浑厚低沉的嗓音和华丽百变的形象著称，曾获中国香港乐坛最高荣誉"金针奖"和中国金唱片奖"艺术成就奖"，她也是华语女歌手全球演唱会场次最高纪录的保持者。而在电影方面，她凭借《胭脂扣》获中国香港电影金像奖和中国台湾电影金马奖最佳女主角，是华人社会颇具影响力的歌影双后，还是中国香港演艺人协会的会长及创办人之一。

这位艺人就是已故的梅艳芳，她的生命虽然短暂，但她留给我们的却是一种为了生活不断努力付出的精神。

所以，不抱怨，不哀叹，去用心生活吧！只要努力，生活终将给予你所渴求的一切。